普通高等教育新工科智能制造工程系列教材

机器视觉技术与应用

主　编　何文辉　葛大伟

副主编　任　勇　聂辉文　顾三鸿　沈栋慧

参　编　赵立勇　司艳姣　吴方芳　句爱松　赵　凯
　　　　王加安　曹志民　吴　颖　黄冠棋　戴俊良
　　　　彭湘蓉　张常友　李　鹏　孙　宁　周乐乐
　　　　沙　春　倪立学

主　审　刘运飞

机械工业出版社

本书围绕机器视觉技术的相关应用，基于 DCCKVisionPlus 平台软件，详细介绍了机器视觉基础知识、数字图像采集与保存、数字图像处理与应用以及机器视觉识别、检测、测量、引导四大类应用，并扩展至机器视觉软件二次开发应用、3D 视觉技术与应用、深度学习技术与应用。

本书结构清晰，内容系统全面，以机器视觉应用型人才培养为目标，更符合产业需求。本书适合高校相关专业的学生使用，也可供从事机器视觉应用与开发的科研工作者和工程技术人员参考。

图书在版编目（CIP）数据

机器视觉技术与应用／何文辉，葛大伟主编.

北京：机械工业出版社，2024. 9. --（普通高等教育新工科智能制造工程系列教材）. -- ISBN 978-7-111-76304-8

Ⅰ. TP302. 7

中国国家版本馆 CIP 数据核字第 2024Z39J48 号

机械工业出版社（北京市百万庄大街 22 号　邮政编码 100037）
策划编辑：余　皞　　　　　　　　　　责任编辑：余　皞　丁昕祯
责任校对：甘慧彤　张慧敏　景　飞　　责任印制：邰　敏
三河市航远印刷有限公司印刷
2024 年 9 月第 1 版第 1 次印刷
184mm×260mm · 16. 25 印张 · 402 千字
标准书号：ISBN 978-7-111-76304-8
定价：59. 00 元

电话服务　　　　　　　　　　网络服务
客服电话：010-88361066　　　机　工　官　网：www.cmpbook.com
　　　　　010-88379833　　　机　工　官　博：weibo.com/cmp1952
　　　　　010-68326294　　　金　书　网：www.golden-book.com
封底无防伪标均为盗版　　　机工教育服务网：www.cmpedu.com

序 一

    机器视觉作为实现工业自动化和智能化的关键技术，是人工智能领域发展最快、前景最广阔的一个分支，其重要性就如眼睛对于人的价值，已经广泛应用于工业、民生、军事和科学研究等领域。工业视觉是机器视觉在工业领域内的应用，是机器视觉的一个重要的应用领域，在工业生产过程中的信息识别、表面质量检测、目标定位引导、尺寸测量等方面发挥着越来越重要的作用，其应用范围主要包括汽车、电子、光伏、新能源、半导体、医疗、物流、印刷包装、食品等行业。

    当前，全球机器视觉的应用呈爆发式增长，导致对机器视觉人才数量、质量的需求不断增加。然而，我国机器视觉技术技能人才匮乏，无法满足巨大的市场需求。目前本科院校的教学内容偏向机器视觉理论、算法和图像处理等方面，而本科层次职业大学、高等职业院校和技工院校只有少部分开设了相关课程，普遍存在师资力量缺乏、配套课程资源不完善、机器视觉实训环境不系统、技能考核体系不完善等问题，导致难以培养出企业需要的机器视觉专业人才，严重制约了我国机器视觉技术的推广和新兴产业的发展。

    针对企业迫切需要掌握机器视觉系统编程、应用和维护的高素质技术技能人才，德创依托十余年的机器视觉工程项目应用技术和经验，以就业优先为导向，以"工业视觉系统运维员"数字新职业的职业技能要求和产业岗位需要为出发点，立足大国工匠和高技能人才培养要求，将"产、学、研、用"相结合，组织企业专家、工程技术人员和高校教师共同编写了一系列机器视觉教材。

    该系列教材深入贯彻了产业应用型人才培养"以能力培养为核心，以技能训练为主线，以理论知识为支撑"的指导思想，通过详细的工程项目案例，使读者认识机器视觉，全面掌握机器视觉的识别、检测、测量、引导四大类应用知识和技能，同时引入 3D 视觉、深度学习等前沿技术，为学生未来职业发展指明方向。该系列教材既可作为应用型本科院校、本科层次职业大学、职业院校和技工院校相关专业的教材，也可供从事机器视觉编程与应用的工程技术人员参考。

    希望机器视觉系列教材能够成为我国机器视觉行业发展和人才培养的有效力量，推动制造业高端化、智能化发展，推进新型工业化，加快制造强国、质量强国和数字中国的建设。

机器视觉产业联盟（CMVU）理事长　潘　津

序　二

近年来，随着人工智能、大数据、机器人过程自动化和 3D 成像等技术的不断发展，机器视觉在高光谱成像、热成像工业检测、工业机器人、云端深度学习等领域的应用越来越广泛，推动着机器视觉技术在各个领域的需求不断增长。机器视觉成功地将图像处理应用于工业自动化领域，对物体进行非接触检测、测量，提高加工精度、发现产品缺陷并进行自动分析决策，以及定位引导机器人等装置实现实时跟踪抓取，使得工业视觉成为智能制造装备对信息进行获取及分析的关键环节，同时也是全球制造业转型升级的关键技术之一，广泛应用于 3C 电子、半导体、锂电池、光伏、印刷、食品饮料制造、烟草制品、医疗、邮政等行业。

我国也在积极推进制造业的智能化和信息化建设。在《智能检测装备产业发展行动计划（2023—2025 年）》《"十四五"智能制造发展规划》《制造业质量管理数字化实施指南（试行）》《新一代人工智能发展规划》等文件中，智能制造装备、智能检测装备及其核心部件机器视觉产品被明确列为重点发展领域之一。作为全球第一制造业大国，我国正处于制造业转型升级的关键时期，着力于提高生产率、降低成本、提升产品质量的需求日益增长。得益于政策的支持，人工智能、大数据等新一轮科技浪潮的推动和市场的不断扩大，特别是我国在新能源、光伏等新兴制造业领域逐步占据全球领先地位，势必会推动我国机器视觉的快速发展。

机器视觉将迎来快速发展的黄金时期，然而现阶段我国机器视觉领域的人才储备严重不足，对整个产业而言，机器视觉系统的编程应用、现场调试、维护保养、技术管理等方面的人才普遍存在巨大的缺口，缺乏经过系统教学与培训、能熟练应用机器视觉系统的专业人才，这也是制约机器视觉技术与产品能够更快速推广的因素之一。快速推进我国新型工业化和实施科教兴国战略，需要有与时俱进的应用型人才教育体系，以及人才培养所需的配套专业教学资源。作为全球机器视觉领域的领导者，康耐视（COGNEX）已有 40 多年的历史，已经成为能为制造业自动化领域提供视觉系统、视觉软件、视觉传感器和工业读码器的先进提供商，很重视也愿意支持相关教学资源的建设。

本书由德创牵头，联合我国众多高校和企业，针对我国机器视觉行业人才现状和需求共同编写而成。该系列丛书依托德创十几年的机器视觉工程项目经验和应用技术积累，以及康耐视先进的机器视觉技术和产品，以企业实际用人需求和岗位能力要求为导向，从创新型、复合型、应用型人才培养目标出发，强化学生解决机器视觉系统现场问题的逻辑思维能力，注重解决实际问题的编程应用能力培养，形成了集"知识、能力、素质"为一体的课程体系。本书既适合初学机器视觉的应用型本科院校、本科层次职业大学、职业院校和技工院校相关专业的学生学习，也适合从事机器视觉相关领域的工程技术人员参考。

本书立足"让机器视觉更简单"，致力于培养造就大批德才兼备的高素质机器视觉人才，助力我国科教兴国战略、人才强国战略和创新驱动发展战略的深入实施，对推动我国教育强国、科技强国和人才强国的加快建设具有积极的意义。

康耐视亚太区 Vision Software 高级产品经理　曲海波

前　言

机器视觉（Machine Vision，MV）是人工智能的一个重要的研究分支，工业是其重要的应用方向。机器视觉系统通过光学装置和非接触式传感器代替人眼来做测量和判断，将图像处理应用于工业自动化领域，以提高产品加工精度、发现产品缺陷并进行自动分析决策，广泛应用于识别、测量、检测和引导等场景，是先进制造业的重要组成部分。

随着我国制造业产业升级进程的推进与人工智能技术水平的提升，国内的机器视觉行业获得了空前的发展机遇。目前，我国已经成为全球制造业的加工中心，也是世界机器视觉发展最活跃的地区之一，应用范围几乎涵盖了包括 3C 电子、新能源、半导体、汽车等国民经济的各个领域。2021 年 12 月，工业和信息化部、国家发展改革委员会、教育部等八部门联合发布的《“十四五”智能制造发展规划》指出：“到 2025 年，规模以上制造业企业大部分实现数字化网络化，重点行业骨干企业初步应用智能化；到 2035 年，规模以上制造业企业全面普及数字化网络化，重点行业骨干企业基本实现智能化。”这意味着随着我国工业制造领域的自动化和智能化程度的深入，机器视觉将得到更广泛的发展空间。2023 年 2 月，《关于工业和信息化部等七部门关于印发〈智能检测装备产业发展行动计划（2023—2025年）〉的通知》，提出智能检测装备是智能制造的核心装备，明确机器视觉算法、图像处理软件等专用检测分析软件的开发作为基础创新重点方向。

在全球范围内的制造产业战略转型期，我国机器视觉产业迎来爆发性的发展机遇，然而，现阶段我国机器视觉领域人才供需失衡，缺乏经系统培养、具备工程实践能力，且能熟练使用和维护机器视觉系统的专业人才。针对这一现状，为了更好地推广机器视觉技术的应用和满足机器视觉新兴岗位技术的需求，亟需编写一本系统全面且符合产业需求的机器视觉技术实用教材。

本书围绕机器视觉技术的相关应用，基于 DCCKVisionPlus 平台软件，详细介绍了机器视觉基础知识、数字图像采集与保存、数字图像处理与应用，通过典型的工程项目实现机器视觉系统的识别、检测、测量、引导四大类应用，融合了视觉软件的二次开发应用，并引入3D 视觉、深度学习等前沿技术。

本书依据机器视觉工程项目流程来设置知识点，倡导实用性教学，有助于激发学习兴趣，提高教学效率，便于初学者在短时间内全面、系统地了解机器视觉技术及其应用。并贯彻“科技服务社会”的理念，以就业优先为导向，以工程应用能力和产业岗位需要为出发点，引入工程案例、先进技术，体现了“教、学、做”一体化。本书属于新形态教材，配套丰富的数字化教学资源，可采用线上线下混合式教学方法，以及"软件模拟+真机实操"的教学手段，助力提升教学质量和教学效率。

本书所有项目的设计源自德创大量真实的机器视觉工程项目应用案例，配套的数字化教学资源可在德创官网（http://www.dcck.com.cn/kczy.php）或"视觉之家"微信小程序下载或查看。

本书由何文辉和葛大伟任主编，任勇、聂辉文、顾三鸿和沈栋慧任副主编，刘运飞任主审。参加编写的还有赵立勇、司艳姣、吴方芳、句爱松、赵凯、王加安、曹志民、吴颖、黄冠棋、戴俊良、彭湘蓉、张常友、李鹏、孙宁、周乐乐、沙春和倪立学。全书由何文辉和葛大伟统稿。具体编写分工：何文辉和葛大伟编写第 1 章；顾三鸿和沈栋慧编写第 2 章；周乐乐、倪立学、沙春和赵立勇编写第 3 章；任勇和聂辉文编写第 4 章；句爱松和赵凯编写第 5 章；曹志民和吴颖编写第 6 章；司艳姣和吴方芳编写第 7 章；王加安和李鹏编写第 8 章；黄冠棋和戴俊良编写第 9 章；彭湘蓉、张常友和孙宁编写第 10 章。本书编写过程中还参考了部分行业网络资料和文献，同时得到了中国机器视觉产业联盟、康耐视、德创等单位的有关领导、工程技术人员，以及中国计量大学、苏州大学应用技术学院、湖南化工职业技术学院、常州工学院、苏州城市学院、江西工程学院、无锡学院、扬州大学、南通理工学院、江苏海洋大学等高校相关教师的鼎力支持与帮助，在此一并表示衷心的感谢！

因编者水平及时间有限，书中难免有疏漏之处，恳请读者批评指正。任何意见和建议可反馈至 E-mail：edu@dcck.com.cn。

编　者

目　　录

第 **1** 章

绪 论

随着人工智能的飞速发展，机器视觉已经成为现代科技领域中的一个重要分支。本章将主要介绍机器视觉的概念、发展历程以及机器视觉系统的构成和常用软件。通过学习本章的内容，读者将能够对机器视觉有一个全面的认识，了解其在各个领域的应用及其未来发展趋势，树立"科技兴国、科技强国、科技报国"的使命感，助力中国式现代化的强有力发展。

1.1 机器视觉技术概述

1. 机器视觉的概念

机器视觉是指通过计算机及相关技术实现对图像和视频等多媒体信息的处理、分析和理解。简单来说，机器视觉就是用机器代替人眼，进行各项测量、判断和识别等工作。机器视觉经历了几十年的发展，如今已成为人工智能领域的重要组成部分。机器视觉技术在众多领域具有广泛的应用前景，如自动驾驶、医疗影像诊断、工业检测、安防监控等。

在工业领域，机器视觉作为人工智能的重要分支，是实现工业自动化和智能化的关键核心技术，也是我国实施智能制造战略的重要支撑，是实现中国式现代化的高质量发展的重要基石。机器视觉以视觉器件、可配置视觉系统和智能视觉装备等形态服务各产业，已经被广泛应用于消费电子、印刷包装、新能源、汽车制造等行业。

2. 机器视觉发展历程

机器视觉的发展历程可以追溯到 20 世纪 50 年代，当时研究人员开始尝试使用电子设备来模拟人的视觉系统，用数字图像处理模拟"视网膜"将模拟图像转换为数字图像，以实现计算机对图像和物体的识别与分析。这一时期的研究为后来的机器视觉技术奠定了基础，如图 1-1 所示。

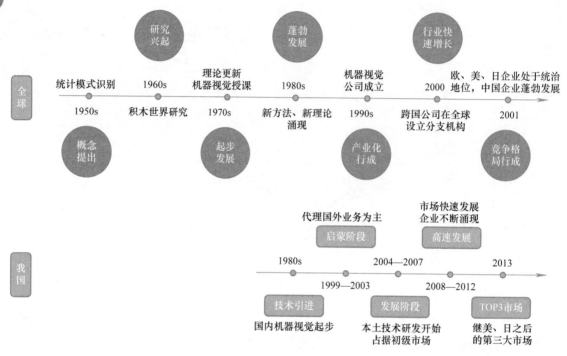

图 1-1　全球和我国机器视觉发展历程

从 20 世纪 60—90 年代，随着计算机硬件性能的提升和图像处理技术的发展，机器视觉逐渐走向成熟。在这一时期，研究人员开始关注如何将机器视觉应用于实际问题，并取得了一系列重要的成果。

进入 21 世纪，随着计算能力的进一步提升和大数据时代的到来，机器视觉技术得到了空前的发展。在这一时期，研究人员开始关注如何利用深度学习、计算机视觉等技术解决更加复杂的问题，如目标检测、语义分割、人脸识别等。此外，随着物联网、云计算等技术的普及，机器视觉也逐渐渗透到智能家居、智能交通等领域。

如今，我国正成为机器视觉发展最活跃的地区之一。机器视觉在我国的发展历程可以追溯到 20 世纪 90 年代，当时我国企业主要通过代理业务对客户进行服务。随着国内工业自动化的不断发展，机器视觉技术得到了广泛应用，从了解图像的采集和传输过程、理解图像的品质优劣开始，到初步的利用国外视觉软硬件产品搭建简单的机器视觉初级应用系统。早期的机器视觉从业者主要是跨专业的人才，他们从计算机科学、电子工程、光学等多个领域中汲取营养，逐渐形成了一支专业化的队伍。

我国已成为全球机器视觉规模增长最快的市场之一。根据中国机器视觉产业联盟 2022 年度企业调查统计，我国机器视觉行业的销售额从 2020 年的 184.6 亿元增长至 2022 年的 310.0 亿元，并将以每年超过 21% 的复合增长率增长，至 2025 年销售额将达 560.1 亿元，如图 1-2 所示。

目前，机器视觉技术已经在各个领域得到广泛应用。未来，随着人工智能技术的不断发展，机器视觉技术将在更多领域发挥重要作用，推动人工智能技术的进一步发展。

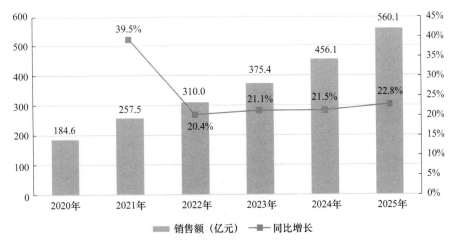

图 1-2 我国机器视觉市场销售规模

1.2 机器视觉系统构成

一个典型的机器视觉系统通常包括以下几个部分：图像采集单元、通信单元、图像处理单元以及视觉系统控制单元。

1. 图像采集单元

图像采集单元负责从现实环境中获取图像或视频信号，一般由工业相机、镜头、光源和图像采集卡构成。图像采集的过程可简单描述为在光源提供照明的条件下，工业相机拍摄目标物体，与视觉系统控制器通过图像采集卡相互链接，图像采集卡接收工业相机的模拟信号或数字信号，并将信号转换为适用于计算机处理的信息，如图 1-3 所示。

2. 通信单元

机器视觉系统中的通信单元是指通过多种通信接口将视觉系统控制器与 PLC（可编程控制器，工业现场常用"大脑"）、相机、镜头、显示器等进行连接，以便于进行数据传输，如图 1-4 所示。通信方式包括网口、串口、USB3.0、工业以太网等。

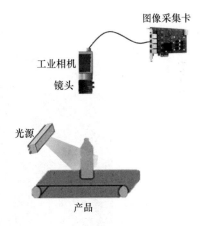

图 1-3 图像采集单元

3. 图像处理单元

图像处理通常在计算机或工控机上完成，视觉软件对图像的各种信息进行提取，通过视觉算法进行运算处理，从中提取出目标对象的相关特征，实现对目标对象的测量、识别和判定。

4. 视觉系统控制单元

视觉系统控制单元根据图像处理单元的判别结果，控制现场设备，对目标对象进行相应的控制操作，如引导机械手的动作、扬声器报警、指示灯亮起等。

4

图 1-4　通信单元

机器视觉在现场进行应用的流程，如图 1-5 所示。

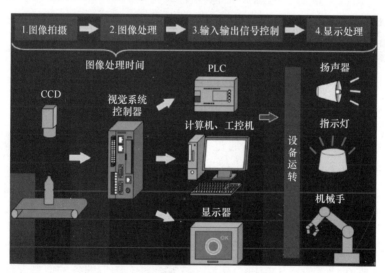

图 1-5　机器视觉现场应用流程

1.3　机器视觉软件

随着视觉技术的不断发展，与之相关的软件种类也在不断增多，可根据项目需要和开发者偏好进行选择，常见的软件主要有以下几种：

1. OpenCV

OpenCV（图 1-6）是一个开源计算机视觉库，可以用于图像处理、视频处理、目标检测、人脸识别等多种计算机视觉相关任务。OpenCV 底层采用 C++编写，同时也提供了 Python、Java、Matlab、.NET 等多种语言的接口，方便开发者进行快速开发和原型搭建，成为了计算机视觉研究和应用开发的必备工具之一。基于 OpenCV 开发算法的运行结果如图 1-7 所示。

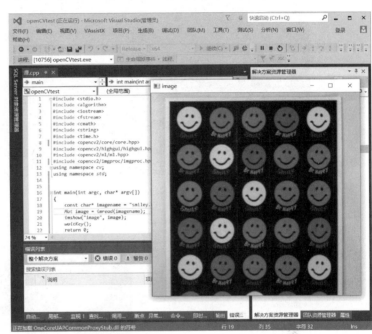

图 1-6　OpenCV 标识　　　　　　　　　　　图 1-7　OpenCV 程序界面

2. HALCON

HALCON 是德国 MVTec 公司开发的一套完善且标准的机器视觉算法包，具有卓越的图像处理和分析功能，拥有应用广泛的机器视觉集成开发环境。HALCON 灵活的架构节约了产品成本，缩短了软件开发周期，便于机器视觉、医学图像和图像分析应用。HALCON 支持 Windows、Linux 和 Mac OS 操作环境，扩大了软件的应用范围，需要用户具有较高的代码编写能力。HALCON 软件程序界面如图 1-8 所示。

3. VisionPro

VisionPro 是美国康耐视公司的一款视觉处理软件，它的主要特点是图形化的用户界面，易于使用，可以用于设置和部署视觉应用。借助 VisionPro 用户可执行各种功能，包括几何对象定位、检测、识别、测量和对准，以及针对半导体和电子产品应用的专用功能。VisionPro 软件可与大部分的 .NET 类库和用户控件完全集成。VisionPro 程序设计界面如图 1-9 所示。

4. DCCKVisionPlus 平台软件

DCCKVisionPlus 平台软件（简称"V+平台软件"），如图 1-10 所示，是一款集开发、调试和运行于一体的可视化的机器视觉解决方案集成开发环境，无代码编程。V+平台软件专注于机器视觉的应用，集成了采集通信、视觉算法、数据分析、行业模块、人机交互以及二次开发等视觉项目常用功能和模块，如图 1-11 所示。

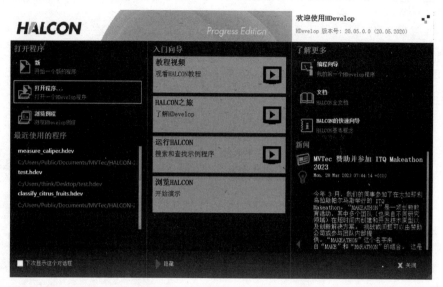

图 1-8　HALCON 程序界面

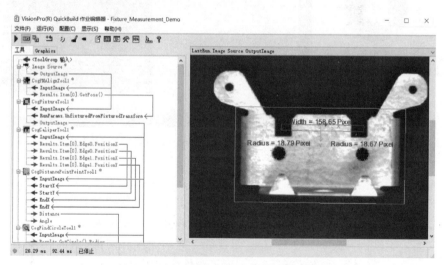

图 1-9　VisionPro 程序设计界面

图 1-10　DCCKVisionPlus 平台软件

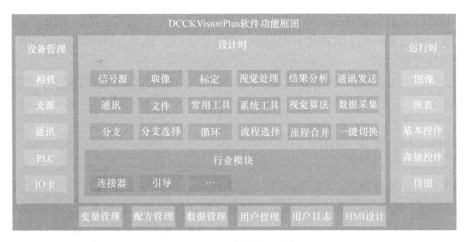

图 1-11　V+平台软件功能模块

V+平台软件在程序设计层面全方位的提供拖拽、连接、界面参数设置等可视化手段，无需编程即可构建一个完整的视觉应用程序，具有简单、快速、灵活、所见即所得的特点，在机器视觉的四大类应用（即引导、检测、测量和识别）中使用较为广泛，如图 1-12 所示。

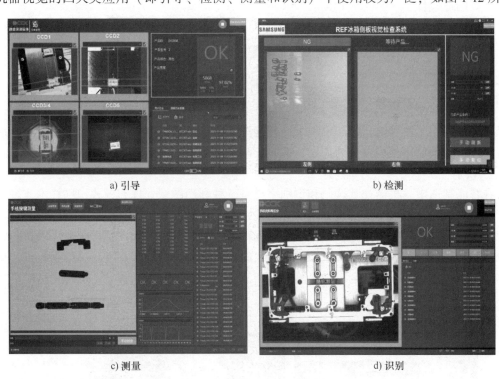

a) 引导　　　　　　　　　　　　　　　　b) 检测

c) 测量　　　　　　　　　　　　　　　　d) 识别

图 1-12　V+平台软件应用案例

V+平台软件有以下特性：

1）易用化。采用图形化的方式进行编程开发，让视觉流程搭建变得简单，可视化界面可以很方便地进行调试。

2）平台化。V+是一个开放的软件平台，相当于视觉系统的技术中台，兼容多种硬件设备和通信协议，集成多种应用算法模块和行业专用模块。接口开放，支持二次开发，用户可自定义工具，通过插件的方式在 V+中使用。新项目通过工具组合就可以快速实现，几乎不需要临时开发工作。

3）标准化。满足工厂标准化的需求，可以基于 V+实现统一的框架模型，统一的编程风格和界面风格。

1.4　机器视觉技术应用

相对于传统的人眼视觉，机器视觉具有以下优点：

1）高精度。机器视觉可以实现高精度的图像和视频处理，能够识别出人眼难以察觉的微小细节。

2）高速度。机器视觉可以在短时间内完成大量的图像和视频处理任务，提高了工作效率。

3）可重复性。机器视觉可以实现对同一场景或物体的多次检测和识别，具有较高的可重复性。

4）不受环境影响。机器视觉可以在不同的光照、角度和环境下进行图像和视频处理，具有较好的适应性。

因此，机器视觉应用领域非常广泛，可以应用于工业、安防、医疗、科学研究、体验交互等多方面，下面以工业领域和民用领域为例进行介绍。

1.4.1　工业领域

机器视觉在工业领域，以视觉器件、视觉软件系统和智能视觉装备等形态服务各产业，已经被广泛应用于消费电子、印刷包装、新能源、汽车制造等众多行业，几乎涵盖智能制造的各个领域。按应用类型可分为识别、检测、测量、引导四大类典型应用。

1. 识别

在智能制造中，机器视觉读码和识别字符是一种利用图像处理和模式识别技术实现自动识别和解码信息的技术，常常需要机器视觉识别系统实时监控生产过程中的各个环节，及时发现异常情况并采取相应措施，确保生产过程稳定运行。机器视觉识别系统还可以自动收集和分析生产过程中的数据，为企业提供有价值的信息支持，帮助企业进行决策和改进，促进数字经济和实体经济深度融合，加快落实新型工业化的转型需求。常见的识别类型应用案例如图 1-13 所示。

扫码看彩图

　　　a) 识别产品表面条码　　　　　　　　b) 识别产品表面字符

图 1-13　识别案例

传统的读码和识别字符的方法通常需要人工操作，耗时耗力且容易出现错误；而机器视觉读码技术可以实现高度自动化，减少人工干预，从而提高生产率。且机器视觉读码和识别字符具有高度准确性和稳定性，可以有效降低因人为操作导致的误差，提高产品的质量和可靠性。

总之，机器视觉读码和识别字符技术在智能制造中的应用有助于提高生产率、降低错误率、优化产品质量和实现智能化生产。随着人工智能和机器学习技术的不断发展，机器视觉识别技术在未来有望为工业制造带来更多的创新和价值。

2. 检测

机器视觉常用于遍布整个工业生产环节的四类应用中，外观和瑕疵检测应用最为广泛，这些应用帮助企业提高生产率和自动化程度，摒弃了传统的人工视觉检查产品质量效率低、精度低的缺点，推进新型工业化的发展，深化"高端化、智能化、绿色化"的发展趋势。部分实际工业生产中的检测案例，如图 1-14 所示。

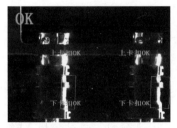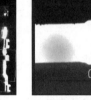

a) 卡扣到位检测　　　　　　　　　b) 线序颜色检测

扫码看彩图

图 1-14　检测案例

3. 测量

机器视觉常用于四类应用之一的测量主要包含三维视觉测量技术、光学影像测量技术、激光扫描测量技术。与传统的测量方法相比，机器视觉测量具有的优势为高精度、高速度、非接触式等，可提高生产率和生产自动化程度，降低人工成本；保障产品质量，提高产品精度和稳定性；促进新型工业化的发展，推动经济高质量发展；增强国家综合实力，提高国际竞争力。部分实际工业生产中的测量案例，如图 1-15 所示。

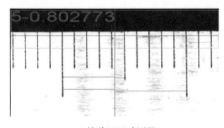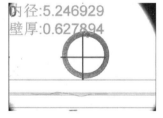

a) 校验尺尺寸测量　　　　　　　　b) 密封圈尺寸测量

扫码看彩图

图 1-15　测量案例

4. 引导

引导定位是一种结合了机器视觉和机器人技术的自动化方法。

机器人或机械手是自动执行工作的机械装置，它可以接受人类指挥，运行预先编译的程序，以提高生产率、减少人力投入。和人工操作相比，机械手还可以适应多种复杂恶劣的工作环境，提高安全性、精度和可靠性，方便进行大量的数据分析和性能优化。

机器视觉引导，就是将相机作为机械手的"眼睛"，对产品不确定的位置进行拍照识别，将正确的坐标信息发送给机械手，引导其正确抓取、放置工件或按规定路线进行工作。

在实际工业生产中，常见的有引导屏幕进行贴合，现场实拍如图 1-16a 所示，对应的视觉界面如图 1-16b 所示。

扫码看彩图

a) 现场实拍　　　　　　　　　　　　b) 视觉界面

图 1-16　引导案例

1.4.2　其他领域

机器视觉在工业领域之外的医疗影像、智能交通、农业、科学研究、国防等领域应用也非常广泛。

1）医疗影像。机器视觉可以帮助医生更准确地诊断疾病，例如，通过分析 X 光片和 CT 扫描图像来检测肿瘤。

2）智能交通。机器视觉可以用于自动车牌识别、违法停车检测、行人检测、交通流量分析、行车违章识别等方面。

3）农业。机器视觉可以帮助农民更好地管理农作物，例如，通过分析土壤质量和作物生长情况来确定最佳的灌溉和施肥方案。

4）科学研究。机器视觉可以用于天文学、生物学等领域，例如，通过分析天文图像来研究宇宙中的星系和行星。

5）国防。机器视觉可以用于军事侦察和监视，例如，通过分析卫星图像来监测敌方行动。

本 章 小 结

本章介绍了机器视觉的基本概念和发展历程，机器视觉的系统构成、常用软件以及机器视觉在工程领域中的技术应用。

根据机器视觉市场研究报告，现今机器视觉是人工智能正在快速发展的一个分支，而目前我国机器视觉行业的发展仍处于初级阶段，前景巨大。在未来的发展中，更需要加强机器视觉技术的研究和应用，坚持"科技是第一生产力"，致力于培养更多高素质、专业技术全面的高技能人才，深入实施人才强国战略。形成"高端化、智能化、绿色化"的发展趋势，推动机器视觉技术的产业化和商业化发展。

习　　题

1. 简述机器视觉系统的构成。
2. 列举出机器视觉的四大应用。
3. 举例说明生活中常见的机器视觉应用实例。

第 **2** 章

数字图像采集与保存

在机器视觉系统中，通过对数字图像进行算法处理和特征提取，可以实现目标检测、物体识别、图像分类、边缘检测等功能。采集相应质量的图像是进行算法分析的基础，图像采集的过程涉及相机、镜头等基础硬件的使用和软件参数的配置。图像保存对于产教融合的作用是非常显著的，它可以将实际工业数据带入到教学中，促进理论与实践的结合，培养高素质、专业技术全面的高级工程师，以便于更好地服务于制造业的发展。本章内容基于 DC-CKVisionPlus 平台软件，详细地介绍数字图像的采集和保存过程，并进一步帮助读者了解图像的基本属性和常见格式。

2.1 图像采集环境

机器视觉系统的图像采集环境是指在工业生产过程中，使用相机或其他图像采集设备进行图像数据获取的环境。图像采集环境需要满足一定的要求，以确保能够获得高质量的图像数据，从而提供准确可靠的信息用于后续处理和分析。

2.1.1 系统硬件环境

本教材的图像采集过程是基于机器视觉创新实训套件来完成的，如图 2-1 所示，型号为 DC-PD200-30ZA。该硬件环境可广泛应用于智能制造领域的各种场景。主要优势体现在以下三方面：

1）整个设备机构设计严谨，安装紧凑，总体长宽高仅为 500mm×520mm×550mm（不含展开的显示器），集成化安装提升空间使用率。

图 2-1　机器视觉创新实训套件

2）设备整体功能涵盖了图像采集、图像分析、运动控制，能满足视觉检测、视觉测量、视觉识别、2D 视觉引导组装、3D 视觉测量等实验需要。

3）集成了机器视觉控制器、PLC、触摸屏等多个工业组件，包含伺服和步进电动机构成的四轴运动平台，可以实现机器视觉与 PLC、运动平台等机构的联动。

2.1.2 系统软件环境

1. 系统软件下载和安装

本教材所使用的 V+平台软件版本为 V3.2，可在德创公司官方网站下载。下载完毕后的安装包中包含标准版和行业模块两个运行程序，行业模块的应用便于项目开发者快速完成机器视觉引导及连接器测量方案的设计，其安装顺序为标准版安装成功后再安装行业模块。

VisionPro 软件建议使用 VisionPro 8.2 SR1 及其以上版本。VisionPro 8.2 SR1 也可在德创公司官方网站下载。

安装 V+平台软件和 VisionPro 软件，计算机系统配置建议及注意事项如下：

1）CPU 和内存：为确保软件运行顺畅，建议工控机使用 Intel Core 6 代 I5 以上处理器+8G 内存或同等配置。

2）操作系统：建议使用 Win7（X64）或者 Win10（X64）版本的系统。

3）先装 VisionPro 软件，再装 V+平台软件。

2. 系统软件授权

（1）V+平台软件授权　V+平台软件授权文件获取方法可参考德创官方网站的"V+专区"关于软件激活的详细说明，如图 2-2 所示。

图 2-2　V+平台软件软件激活参考页

使用月度授权文件激活软件的步骤如下：

1）双击获取的授权文件，如图 2-3 中①所示，在弹出的"CodeMeter 控制中心"界面（如图 2-3 中②所示区域）会提示该授权文件的名称、序列号、版本信息等。单击"许可更新"→单击"下一步"，如图 2-4 所示。

图 2-3　许可更新

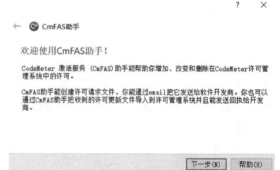

图 2-4　使用 CmFAS 助手

2）使用授权文件创建许可请求。选中"创建许可请求"→单击"下一步"→选择授权文件路径→单击"提交"，即可完成软件授权过程，如图 2-5 和图 2-6 所示。

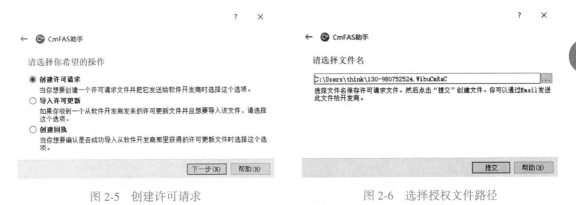

图 2-5　创建许可请求　　　　　　　　　图 2-6　选择授权文件路径

（2）VisionPro 软件的授权　单击 Windows 系统的开始 ■ 图标→单击"Cognex"文件夹→单击"Cognex Software Licensing Center"，进入软件许可中心，单击"安装紧急许可证"→单击"激活下一个紧急许可证"，即可完成 VisionPro 软件的临时授权，如图 2-7 和图 2-8 所示。

 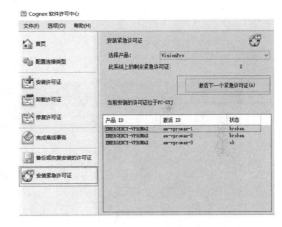

图 2-7　选择 Cognex 软件许可中心　　　　　图 2-8　Cognex 软件许可中心操作

注意：首次安装该软件，系统上紧急许可证个数为 5 个，每激活一次，软件使用 3 天，3 天后再次激活下一个许可证。

2.2　机器视觉软件基本应用

V+平台软件为使用者提供了图形化的集成开发环境，基本应用包括创建和保存解决方案、在方案图中添加和链接相关工具以及工具的属性参数配置等。下面详细介绍 V+平台软件的基本操作。

2.2.1　软件界面

V+平台软件的界面包含两种模式：设计模式界面与运行模式界面（又

视频演示

称 HMI 界面)。

1) 设计模式界面：用于进行方案流程设计、工具配置的界面，如图 2-9 所示。该界面主要功能区包括菜单栏、工具栏、方案图、模式切换等。

14

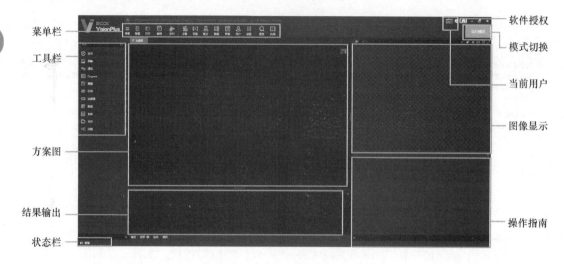

图 2-9　设计模式界面

2) 运行模式界面：用于图像和数据结果显示，并且便于进行交互控制的 HMI 显示界面设计，如图 2-10 所示，其使用方法详见本书"第 5 章　机器视觉检测应用"。

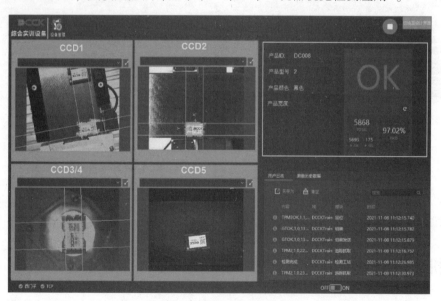

图 2-10　运行模式界面

2.2.2　新建和保存视觉方案

1. 视觉方案的新建

新建一个视觉方案的方法：打开 V+平台软件，双击"空白"，即可完成，如图 2-11 所示。

2. 视觉方案的保存

视觉方案的保存有两种，如图 2-12 所示。

方法一：在"设计模式"界面，单击"菜单栏"的"保存"。

方法二：在"设计模式"界面，单击"菜单栏"的"菜单"→"保存"或"另存为"。

图 2-11　新建解决方案

图 2-12　保存解决方案

2.2.3　基本操作

在机器视觉技术应用过程中，开发者需要熟练掌握视觉软件的基本操作，以便于高效、快速地完成解决方案，提高工作效率。V+平台软件基本操作包括工具的添加、链接、解绑、彻底解绑、启用、运行等。

1. 工具的添加和链接

1）在 V+平台软件中任何工具的运行都需要"信号"工具包提供信号源，故以此为例说明工具的添加过程，单击"信号"工具包，选择"内部触发"，并将其以拖拽或者双击的方式添加到方案图中，如图 2-13 所示。

2）鼠标指针移动至①处，长按鼠标左键拖动至②处，即可链接"002_内部触发"工具与"003_通用取像"工具，如图 2-13 所示。

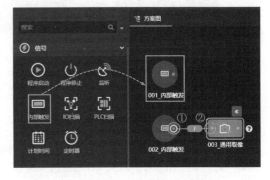

图 2-13　工具的添加和链接

2. 工具的解绑和彻底解绑

当方案图中工具之间的链接关系需要修改时，可以选择解绑或彻底解绑来完成，其操作方法如下：

1）鼠标指针放在链接线①处，鼠标右键单击选择"解绑"，则"005_通用取像"工具和"006_ToolBlock"工具链接断开，并自动与"007_ToolBlock"工具相链接，如图 2-14 所示。

2）鼠标指针移动至链接线①处，鼠标右键单击选择"彻底解绑"，则"005_通用取像"工具断开与"006_ToolBlock"工具及后续所有工具链接，如图 2-15 所示。

3. 工具的启用和运行

1）鼠标选中①处的"005_通用取像"工具，右键单击选择②处的"启用"，"005_通用取像"即变成③"非启用"状态，如图 2-16 所示。当程序运行时，启用的工具可以正常运行，非启用的工具不执行但不影响后置工具的运行。

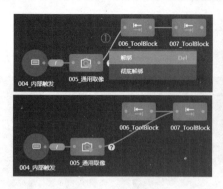 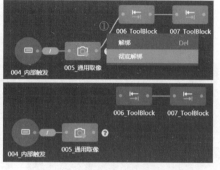

图 2-14　工具的解绑　　　　　　　图 2-15　工具的彻底解绑

2）鼠标选中"003_通用取像"工具（"信号"类工具除外），右键单击选择"运行"，则单独运行该工具，绿色"√"表示工具正常运行，如图 2-17 所示。

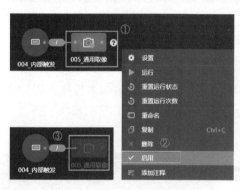 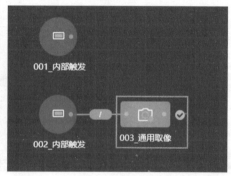

图 2-16　工具的启用　　　　　　　图 2-17　工具的运行

4. 工具的状态设置

方案图中的工具可以进行设置、运行、重命名、复制及删除等操作。以"通用取像"工具为例，具体操作说明见表 2-1。

表 2-1　"通用取像"工具状态设置

名　称	工具示意图	工具状态说明
取像工具	（图：003_通用取像 工具及右键菜单：设置、运行、重置运行状态、重置运行次数、重命名、复制、删除、启用、添加注释）	鼠标指针移动至方案图的"取像"工具上，右键单击可弹出状态设置列表： 设置：跳转到取像工具内部 运行：当该工具的参数设置完成后，用于手动运行该工具 重置运行状态：恢复工具为未运行状态 重置运行次数：恢复工具运行次数为 0 重命名：自定义工具的名字 复制：复制该工具 删除：删除该工具 启用：默认勾选为启用状态，且工具高亮；未勾选则为非启用状态，工具变暗 添加注释：对工具编辑备注说明

2.3　图像采集

机器视觉系统的图像采集过程是一个关键环节，其流程可简单描述为在光源提供合适的照明条件下，工业相机拍摄目标物体并将其转为图像信号，之后通过图像采集卡传输给图像处理单元。本节主要围绕图像的数字化原理、图像采集的硬件配置过程及软件工具的选择三个方面展开介绍。

2.3.1　图像数字化

按照空间坐标和明暗程度的连续性，图像可以分为模拟图像和数字图像。模拟图像是指空间坐标和明暗程度（即幅度值）都是连续变化的，不能被计算机或其他数字器件直接处理的图像。数字图像又称数码图像或数位图像，是将二维图像用有限数值像素表示的图像。由数组或矩阵表示，其光照位置和强度都是离散的。在机器视觉行业应用中，图像处理对象均为数字图像，因此需要采用取样和量化的方法将一个以自然形式存在的图像变换为适合计算机处理的数字形式。

静止图像的采样操作，将图像分别沿垂直方向和水平方向按照从上到下，从左到右的顺序分割成正方形的元素区域，假设水平方向元素个数为M，垂直方向元素个数为N，那么该幅图像经采样操作后的元素个数为$M×N$个，如图 2-18 所示。M 和 N 的大小决定了采样后图像的质量，取值越大，采样图像越能真实地反映原始图像，图像的空间细节也就越清晰，但是需要的存储空间也更大；反之，其取值越小，采样图像就会越粗糙，线条呈锯齿状，但是占用的存储空间会更小。

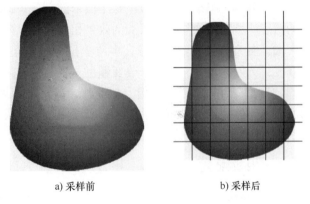

a) 采样前　　　　　　　　　b) 采样后

图 2-18　图像采样

而 M 和 N 的大小由采样频率（采样间隔的倒数）决定。采样频率过高会导致图像表示的数据量增加，反之会破坏图像原有的信息而得到错误的图像。通常细节要求比较高的图像，采样频率可设置高一些。因此在选择采样频率时要遵循奈奎斯特（Nyquist）采样标准：采样频率必须高于或等于被采样信号最大频率的两倍，原信号才可以从采样样本中完全重构出来。

模拟图像经过采样已经在时间和空间上离散化为元素，但是每个元素的幅度值依然是连续的模拟量，因此需要通过量化操作将幅度值离散化为整数。

量化方法主要分为等间隔量化（均匀量化或线性量化）和非等间隔量化（非均匀量化或非线性量化）。等间隔量化是将采样值的灰度取值范围等间隔分割并进行量化。非等间隔量化是根据灰度值分布的概率密度函数按总的量化误差最小的原则进行分割量化，对概率密度小的灰度范围量化间隔大些，对概率密度大的灰度范围量化间隔小些。但是，每一幅图像

18

的概率密度分布函数通常是不一样的，很难找到一个通用的最佳量化方案，因此实际应用中一般采用等间隔量化。图 2-19 所示为沿着线段 AB 等间隔的对该图像进行采样和量化。

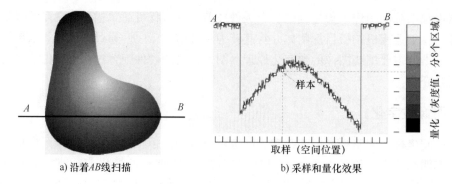

a) 沿着AB线扫描　　　　　b) 采样和量化效果

图 2-19　图像的量化过程

与模拟图像相比，数字图像具有以下显著特点：

（1）精度高　目前的计算机技术可以将一幅模拟图像数字化为任意的二维数组，即数字图像可以由无限个像素组成，每个像素的亮度可以量化为 12 位（即 4096 个灰度级），这样的精度使数字图像与彩色照片的效果相差无几。

（2）处理方便　数字图像在本质上是一组数据，所以可以用计算机对它进行任意方式的修改，例如，放大、缩小、改变颜色、复制和删除某一部分等。

（3）重复性好　模拟图像，如照片，即便是使用非常好的底片和相纸，也会随着时间的流逝而褪色、发黄，而数字图像可以存储在光盘或硬盘中，无论多长时间，只要用计算机重现也不会有丝毫的改变。

2.3.2　相机配置

工业相机的数据传输方式有很多种，如 GigE、USB、CameraLink 等，常用的 GigE 传输方式需要保证通信双方（工业相机和连接相机的计算机）的 IP 地址在同一网段，即 IP 地址前三位保持一致，具体配置方法如下：

1）修改计算机端连接工业相机的网口 IP 地址。单击 Windows 系统的开始 ■ 图标→"Cognex"文件夹→"Cognex GigE Vision Configurator"，如图 2-20 所示。在图 2-21 中，选择①处的"以太网"选项，在②处修改 IP address（IP 地址）为"192.168.10.100"，Subnet mask（子网掩码）为"255.255.255.0"，在③处单击"Update Network Connection"。

图 2-20　选择 GigE 配置

2）修改工业相机的 IP 地址。选择以太网下①处连接的相机→在②处修改 IP address（IP 地址）为"192.168.10.1"，Subnet mask（子网掩码）为"255.255.255.0"→单击③处"Update Camera Address"，如图 2-22 所示。

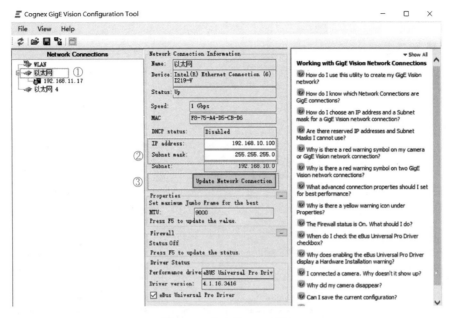

图 2-21 修改网口 IP 地址

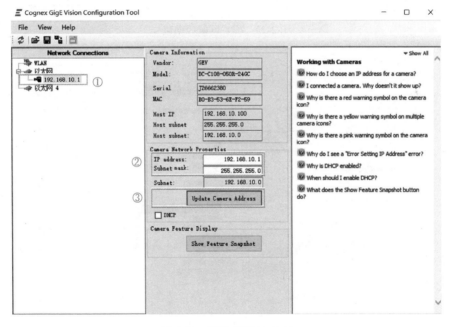

图 2-22 修改相机 IP 地址

3）修改巨帧数据包。单击①处的"以太网"→在②处单击"-"，如图 2-23 所示，选择"配置"→巨帧数据包→修改值为"9000"（有些系统可下拉选择 9014 或 9KB），如图 2-24 所示。

4）配置防火墙。单击①处"以太网"选项→在②处单击"-"，如图 2-25 所示，选择"启用或关闭 Windows Defender 防火墙"选项，如图 2-26 所示。

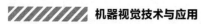

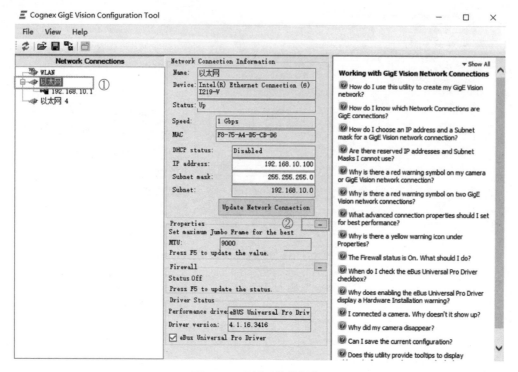

图 2-23　配置巨帧数据包

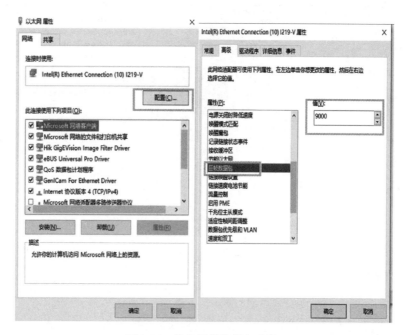

图 2-24　修改巨帧数据包参数

　　勾选"专用网络设置"的"关闭 Windows Defender 防火墙（不推荐）"选项→勾选"公用网络设置"的"关闭 Windows Defender 防火墙（不推荐）"选项→"确定"，如图 2-27 所示。

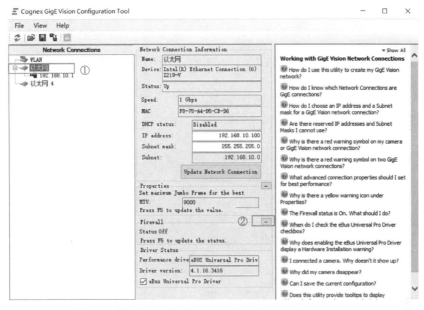

图 2-25　配置防火墙状态

图 2-26　防火墙选项

图 2-27　配置各类网络防火墙

22

5）更新驱动。单击①处"以太网"选项→勾选②处"eBus Universal Pro Driver"→单击页面左上角 图标，完成工业相机的 GigE 通信方式的配置，如图 2-28 所示。

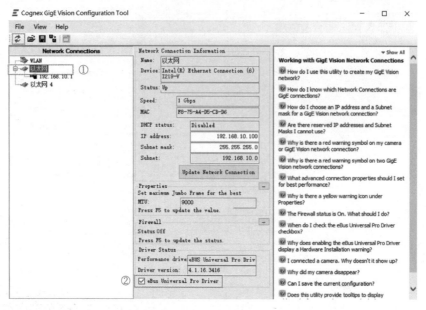

图 2-28　更新驱动

2.3.3　图像获取

在机器视觉应用中，图像的获取方式可分为在线模式和离线模式两种类型，在线模式即为连接工业相机进行实时图像采集，是实际工作中的主要取像方法；离线模式为读取本地存储的图像，其主要作用是方便初学者能顺利进行视觉方案的测试，同时节省大部分硬件组装和取像质量调整的时间。

1. 图像采集工具

V+平台软件中实时取像主要涉及设备连接和取像参数设置两个方面。

（1）设备连接　相机的类别不同，能够实现的视觉功能也会有很大差异，所以需要根据相机种类选择 2D 或者 3D 相机，V+平台软件中支持的部分相机品牌见表 2-2。本节仅介绍 2D 相机的取像，其参数设置见表 2-3，3D 相机相关内容详见"第 9 章 3D 视觉技术与应用"。

表 2-2　V+平台软件支持的部分相机品牌

相机类型	支持的品牌			
2D 相机	德创	巴斯勒	康耐视	海康威视
3D 相机	SmartRay		深视	

表 2-3　2D 相机取像的属性参数

名　称	参数设置界面	参数及其说明
设置		名称：自定义相机的名称 重连：相机掉线后重连时间（ms） SN：相机序列号（IP 地址） 格式：相机采集图像输出的格式，常用的为 Mono8（灰度）和 BayerGB8（彩色） 曝光：相机的曝光时间（μs） 增益：相机的信号放大倍数，直接影响图像的亮度 取像间隔：相机采集图像最小间隔时间（ms）
硬件触发		硬件触发：通过外部 I/O 触发相机取像 触发：勾选"帧开始"，则为硬件触发 图像数目：此处数值指拍完几次形成图像 触发源：触发信号来源的信号线 触发模式：选择信号线的电平模式触发 触发延时：收到信号延时后才执行（ms）
频闪拍照		频闪拍照：取像时控制光源频闪 频闪触发：勾选则为频闪拍照模式 频闪输出：选择相机的输出信号端口
图像裁剪		图像裁剪：裁剪相机获取的图像 中心原点 X：图像的坐标原点 X 坐标 中心原点 Y：图像的坐标原点 Y 坐标 宽：指定图像裁剪后的宽度 高：指定图像裁剪后的高度

（2）取像工具参数说明　V+平台软件中 2D 取像工具有
"通用取像"和"Cog 取像"两种选择，如图 2-29 所示。二者
的使用方法相同。"通用取像"工具的输出图像为 Bmp 格式，
主要用于海康威视等品牌 2D 相机；"Cog 取像"工具的输出图
像为 ICogImage 格式，主要用于康耐视等品牌 2D 相机。下面以
"Cog 取像"工具为例进行参数说明。

a）工具图标1　　b）工具图标2

图 2-29　取像工具

"Cog 取像"工具参数设置界面如图 2-30 所示。

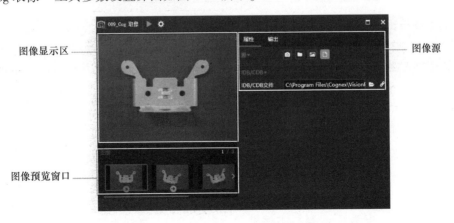

图 2-30　"Cog 取像"工具参数设置界面

1）图像显示区：显示当前的图像内容。

2）图像预览窗口：蓝色方框表示选择显示的图像；蓝色图标表示当前运行显示的图像；黄色箭头表示即将运行显示的图像。

3）图像源：图像采集的方式有相机、文件夹、文件和 IDB/CDB 文件四种类型。不同的图像采集方式，对应的参数内容也不相同，详见表 2-4。

表 2-4 "Cog 取像"工具的参数说明

序号	属性参数界面	属性参数及其说明
1		相机：选择已建立通信的相机进行图像采集，可设置每次取像的超时时间，单位为 s
2		文件夹：选择图像所在的文件夹路径，具体到文件夹名称。可设置文件过滤和排序方式
3		文件：选择图像所在的路径，具体到图像名称。每次只能加载一张图像
4		IDB/CDB 文件：加载 IDB/CDB 格式图像文件 注：IDB/CDB 是特殊格式文件，可包含多张图像

2. 图像采集过程

高质量的图像对机器视觉系统而言会起到事半功倍的效果，而获取高质量的图像所涉及的参数配置和结构调整需要基于现有的取像硬件来完成。首先需要完成创新平台相机、镜头、光源等硬件的安装和相机通信配置，准备工作完成后即可使用工业相机进行实时取像，具体操作步骤如下：

（1）连接相机并进行成像效果调整，如图 2-31 所示

1）新建 V+软件平台项目解决方案，单击菜单栏 图标→单击"2D 相机"→双击"德创"→"SN"连接配置为网络 IP 地址的相机，此时格式设置为"BayerGB8"，即为彩色模式。

2）单击"打开视频"，将相机处于实时状态，边观察图像效果边调节相机硬件上的对焦环和光圈环，并适当调整 V+软件中相机"设置"参数，直到图像中样品成像清晰即可。

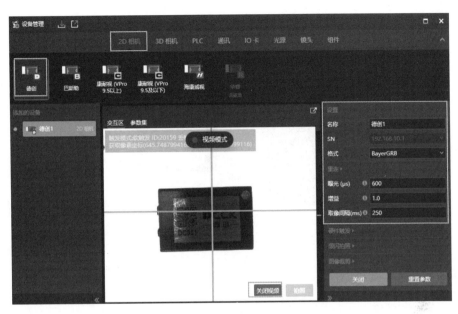

图 2-31　相机连接

3）图中已处于实时视频模式，因此可单击"关闭视频"选项关闭实时状态。

（2）设计实时取像方案

1）单击"信号"工具包，选择"内部触发"工具并将其添加到方案图中。

2）单击"Cognex"工具包，选择"Cog 取像"，并将其添加到方案图。

3）链接"001_内部触发"工具和"002_Cog 取像"工具。

4）双击"002_Cog 取像"工具→"源"选择"相机"，相机选择"德创 1"→运行即可查看图像效果，如图 2-32 所示。

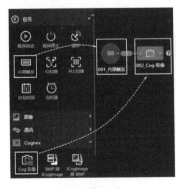

a) 添加工具

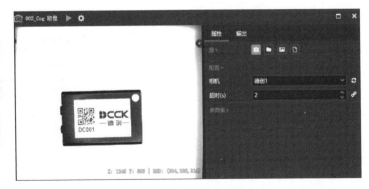

b) 取像工具属性配置

图 2-32　实时取像工具使用

（3）保存并运行方案　如图 2-33 所示。

1）保存解决方案并命名为"2.3-图像采集-×××"，其中"×××"可用姓名或学号代替。

2）单击菜单栏"运行"→选中"001_内部触发"工具并用鼠标右键单击选择"触发"→在图像显示区可看到流程执行完所采集的图像。

图 2-33 运行并查看图像

2.4 图像及其属性查看

数字图像作为机器视觉技术应用的核心，通过像素的排列和属性记录了具体的图像内容、图像的空间结构信息、色彩信息及分辨率等。因此，理解数字图像的表示形式以及相关的基本操作是图像处理的基础。

2.4.1 数字图像表示

1. 灰度数字图像表示

数字图像的本质是一个关于图像明暗幅度值的矩阵（二维数组），常用的表示方法有函数表示法、矩阵表示法和灰度值表示法，如图 2-34 所示。

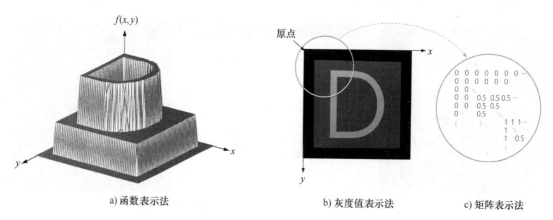

a) 函数表示法   b) 灰度值表示法   c) 矩阵表示法

图 2-34 数字图像的表示法

（1）函数表示法　一幅图像可以被定义为一个二维函数 $f(x,y)$，(x,y) 对应的元素称为像素，也是相机能识别到的图像上的最小单元。

函数表示方法用 x 和 y 两个坐标轴决定图像中每个像素的空间位置，用第三个坐标轴决定 $f(x,y)$ 的值，在处理元素 (x,y,z) 形式表达的灰度集时，这种表示比较直观。

（2）灰度值表示法　图像中从黑到白的明暗变化所对应的量化值即称为灰度值。灰度值的范围由像素深度来决定，而像素深度表示存储每个像素所用的数据位数，常用的有 8bit、10bit、16bit 等。为方便计算机处理和存储数字图像，一个像素的深度常采用 8bit，即 1 个字节，其对应的灰度值范围是［0, 255］，图像亮度为由黑到白。

该方法是 $f(x, y)$ 出现在计算机显示器或照片上的情况，显示器上每个点的灰度值与该点处的 f 值成正比。此图中有三个等间隔的灰度值，可将其归一化到区间［0, 1］，则图中每个点的灰度值都是 0、0.5 或 1，分别表示黑色、灰色和白色。

（3）矩阵表示法　矩阵表示法主要用于计算机处理，是由数值 $f(x, y)$ 组成的一个矩阵，其中 x 轴和 y 轴分别用于表示矩阵的行和列，如式（2-1）所示，对采样和量化操作得到的 M 行、N 列的数字图像可用矩阵表示为

$$f(x, y) = \begin{pmatrix} f(0,0) & \cdots & f(0, N-1) \\ \vdots & & \vdots \\ f(M-1, 0) & \cdots & f(M-1, N-1) \end{pmatrix} \tag{2-1}$$

式中，右边是以实数矩阵表示的数字图像。$(x, y) = (0, 0)$ 表示图像原点坐标，$f(x, y)$ 表示坐标 (x, y) 处的像素值，其对应的图像坐标系如灰度值表示法所示，坐标原点通常定义在图像的左上角，水平向右作为 X 轴方向，垂直向下作为 Y 轴方向。

2. 彩色模型

图像的彩色信息需要用合适的彩色模型来表达。彩色模型是建立在彩色空间中的一种可以对彩色信息进行形象化表示的数学模型，它是人们进行图像彩色信息研究的基础。由于人眼对颜色的感知是一个十分复杂的过程，建立一个既能很好地反映人眼的视觉特性又能达到预期效果的彩色模型是非常重要的。

彩色模型从应用角度可分为面向硬件和面向应用两大类：

（1）面向硬件

1）RGB 模型：针对彩色显示器和彩色摄像机开发的模型。

2）CMY 和 CMYK 模型：针对彩色打印开发的模型。

3）HIS/HSL 模型：针对人们描述和解释颜色的方式开发的模型，工业上使用更常见。

（2）面向应用　HSV/HSB 模型针对计算机图形应用开发，是艺术家常用的模型。

虽然在不同的应用场景，人们对彩色信息的描述方法有所相同，但彩色信息都是用三个基本的特征量来描述的，因此彩色模型通常使用 3D 模型来表示并且具有独立性的特点，即定义的三个基本的特征量不会相互影响，对其中一个量进行处理不会导致其他量发生变化。在这个模型中，每种颜色与模型空间中的点都是一一对应的。

（1）RGB 彩色模型　对机器视觉系统而言，RGB 模型是最典型、最常用的彩色模型，又叫三基色模型，如图 2-35a 所示。该模型根据笛卡儿坐标建立，其中三个坐标轴分别代表红色（R）、绿色（G）、蓝色（B），并将 RGB 立方体归一化，使之成为单位立方体，保证三个分量的值都在［0, 1］之间。

在该模型中，黑色位于原点上，白色位于离原点最远的角上，灰度（RGB 值相等的点）沿这两个点的连线从黑色变为白色。通过改变 R、G、B 三原色各自的强度比例，可得到模型中对应的色光。

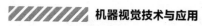
28

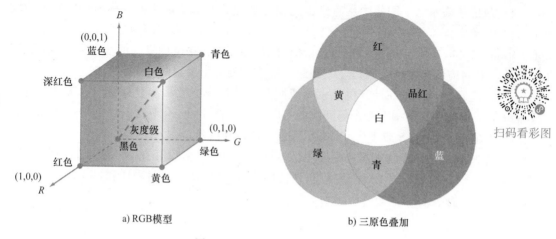

图 2-35 RGB 彩色模型

$$F \equiv r\text{R} + g\text{G} + b\text{B} \tag{2-2}$$

式中，F 表示某一特定色光，$\equiv$ 表示匹配，r、g、b 表示强度比例系数且满足 $r+g+b=1$。

（2）CMY 和 CMYK 彩色模型 由三原色的叠加原理（图 2-35b）可知，蓝色和绿色叠加产生青色，红色和蓝色叠加产生品红色，红色和绿色叠加产生黄色。青色（Cyan）、品红色（Magenta）、黄色（Yellow）称为二次色，也是颜料的三基色，简称 CMY。基于这三种二次色建立的色彩模型，就称为 CMY 色彩模型，如图 2-36 所示。

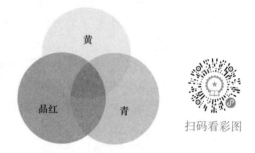

从图 2-36 可知，等量的三基色应产生黑色，但在实践中等量的 CMY 混合并不能得到纯正的黑色，而是产生模糊的棕色。因此为了产生纯正的黑

图 2-36 CMY 色彩模型

色，要在 CMY 中加入黑色（由于 B 字母已经被 Blue 占用了，所以取末尾 K 作为黑色的缩写），从而产生了 CMYK 彩色模型。出版社在谈论四色印刷时，其实指的就是 CMYK 模型。RGB 模型和 CMY 模型之间的转换关系：

$$\begin{pmatrix} \text{C} \\ \text{M} \\ \text{Y} \end{pmatrix} = 1 - \begin{pmatrix} \text{R} \\ \text{G} \\ \text{B} \end{pmatrix} \tag{2-3}$$

（3）HSI/HSL 彩色模型 HSI 模型是最常用最基本的模型。其中，H 表示色调，是一种纯色的颜色属性，表示被观察者感知的主导色；S 表示饱和度，是纯色被白光稀释的程度；I 表示亮度，体现的是发光强度的消色概念，是描述彩色感觉的关键因素之一。

将 RGB 模型中的对角线（灰度级）竖直，黑色点为下方基点，白色点为正上方顶点，则对角线变成亮度轴，如图 2-37a 所示；在图 2-37a 基础上由亮度轴和立方体边界定义的平面段（呈三角形）内的所有点的色调相同，因为黑色和白色不改变色调，如图 2-37b 所示；在图 2-37a 基础上将一个包含彩色点且与亮度轴垂直的平面沿着亮度轴上下移动，即可投影得出图 2-37c，图中原点是指彩色平面与亮度轴的交点，亮度轴上的饱和度为 0，都是灰色。

从彩色点到亮度轴的向量长度即为饱和度。

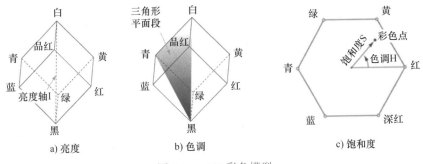

图 2-37　HSI 彩色模型

由以上分析可知，该彩色模型中的亮度和色调分量是完全分开的，亮度分量与图像的彩色信息完全没有关联，色调和饱和度也是相互独立的，而且与人的视觉感知紧密地联系在一起。

这些突出的特点使得该模型在处理彩色信息时能够呈现出自然直观的效果，并被广泛应用于视觉感知系统中。同时在图像处理和计算机视觉中大量算法都可在 HSI 色彩空间中方便地使用，它们可以分开处理而且是相互独立的。因此，在 HSI 色彩空间可以大大简化图像分析和处理的工作量，是根据自然且直观的彩色描述来开发图像处理算法的实用工具。

2.4.2　数字图像描述与参数测量

图像经过分割后会得到若干区域和边界，包括不同特征的物体和背景，其中可能包含某些形状，如长方形、圆、曲线及任意形状的区域。分割完成后，下一步就是用数据、符号、形式语言来表示这些具有不同特征的小区域，这就是图像描述。通常把感兴趣部分称为目标（物），其余的部分称为背景。在进行数字图像处理之前，需要掌握图像特征的基础参数，如像素的邻接性、图像的区域划分以及图像的边缘和边界。

1. 数字图像像素的邻域分类

数字图像中像素的相邻性是指当前像素与周边像素的邻接性质，通常称为像素的邻域，根据不同的相邻性可分为 4 邻域、对角邻域和 8 邻域。坐标 (x,y) 处的像素 p 的两个水平和两个垂直的相邻像素称为 p 的 4 邻域，用 $N_4(p)$ 表示，如图 2-38a 所示；4 个对角相邻元素称为 p 的对角邻域，用 $N_D(p)$ 表示，如图 2-38b 所示；对角邻域和 4 邻域合称 p 的 8 邻域，用 $N_8(p)$ 表示，如图 2-38c 所示。如果一个邻域包含 p，那么称该邻域为闭邻域，否则称该邻域为开邻域。

	$(x, y+1)$	
$(x-1, y)$	(x, y)	$(x+1, y)$
	$(x, y-1)$	

a) 4 邻域

$(x-1, y+1)$		$(x+1, y+1)$
	(x, y)	
$(x-1, y-1)$		$(x+1, y-1)$

b) 对角邻域

$(x-1, y+1)$	$(x, y+1)$	$(x+1, y+1)$
$(x-1, y)$	(x, y)	$(x+1, y)$
$(x-1, y-1)$	$(x, y-1)$	$(x+1, y-1)$

c) 8 邻域

图 2-38　像素邻域类型

2. 邻接、连通和边界

（1）邻接性　定义 V 是用于决定邻接的灰度值集合，它是一种相似性的度量，用于确定所需判断邻接的像素之间的相似程度。对 8 位灰度图像，集合 V 中通常包含 256 个元素等级。对归一化后的图像而言，其灰度值集合 $V=\{0,1\}$，像素值为 1 的像素的邻接可分为三大类（图 2-39）：

1）4 邻接。q 在集合 $N_4(p)$ 中时，值在 V 中的两个像素 p 和 q 是 4 邻接的。

2）8 邻接。q 在集合 $N_8(p)$ 中时，值在 V 中的两个像素 p 和 q 是 8 邻接的。

3）m 邻接（混合邻接）。q 在 p 的 4 邻域中或者 q 在 p 的对角邻域，且集合 $N_4(p) \cap N_4(q)$ 中没有值在 V 中的像素，则值在 V 中的两个像素 p 和 q 是 m 邻接。混合邻接是对 8 邻接的改进，目的是消除 8 邻域时可能导致的歧义性。

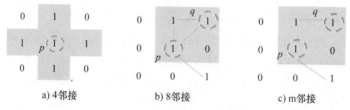

a) 4 邻接　　　　　b) 8 邻接　　　　　c) m 邻接

图 2-39　像素邻接类型

在图 2-39b 中采用 8 邻接来表示像素点间的关系，则从 p 到 q 有两条路径，造成了二义性；在图 2-39c 中由于 q 在 $N_D(p)$ 中，且集合 $N_4(p) \cap N_4(q)$ 中有来自 V 中的像素，所以 p 和 q 不是 m 邻接，这样一来从 p 到 q 就只有一条路径了，消除了二义性。

（2）连通性　为了定义像素之间的连通性，首先需要定义像素 p 到像素 q 的通路，这建立在邻接的基础上。设 S 表示图像中像素的一个子集，如果 S 中从坐标为 $a_0(x_0,y_0)$ 的像素 p 到坐标为 $a_n(x_n,y_n)$ 的像素 q 之间存在一条完全由 S 中像素组成的通路，则称 p 和 q 在 S 中是连通的，此时 n 为通路的长度。其对应的连通路线由不同的像素序列组成，这些像素的坐标为 (x_0,y_0)，(x_1,y_1)，$\cdots$，(x_n,y_n)，其中 (x_i,y_i) 和 (x_{i+1},y_{i+1}) 在 $1 \leq i \leq n-1$ 时是邻接的。

当 $(x_0,y_0)=(x_n,y_n)$，通路是闭合的。对 S 中的任何像素 p，在 S 中连通到该像素的像素集称为 S 的连通分量，若 S 仅有一个连通分量，则称集合 S 为连通集。

（3）区域和边界　区域的定义建立在连通集的基础上。令 R 是图像中像素的一个子集，若 R 是一个连通集，则称 R 为一个区域（Region）。而邻接区域和非邻接区域的判断需建立在 4 邻接或 8 邻接的基础上，如图 2-40a 所示，区域 R_i 和 R_j 通过 8 邻接方式联合在一起时形

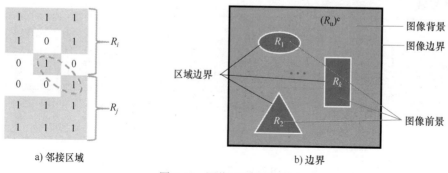

a) 邻接区域　　　　　b) 边界

图 2-40　图像区域和边界

成了一个连通集，此时即可称 R_i 和 R_j 为邻接区域。

假设一幅图像含有 K 个不相交的区域 R_k（$k=1,2,\cdots,K$），并且它们都不与边界相接。令 R_u 表示所有 K 个区域的并集，令 $(R_u)^c$ 表示其补集。则称 R_u 中所有点为图像的前景，而称 $(R_u)^c$ 中所有点为图像的背景。区域 R 的边界（也称边缘或轮廓，即内边界）是 R 中与 R 的补集中的像素相邻的一组像素，即图像中所有有一个或多个不在区域 R 中的邻接像素的像素所组成的集合。当 R 是整幅图像时，其边界定义为图像的第一行、第一列和最后一行、最后一列的像素集，如图 2-40b 所示。在后续章节中会频繁出现边缘的概念，实际上边界和边缘是两个不同的概念和图像特征。边界是对一个有限区域的轮廓描述，而边缘是由像素的导数超出设定阈值而形成的，然而对于归一化的图像而言，边界和边缘是完全重合的。

3. 图像参数测量

（1）像素距离测度　对于图像中坐标分别为 (x_1,y_1)、(x_2,y_2) 和 (x_3,y_3) 的像素点 a、b 和 c，若有函数 D 满足如下三个条件，则函数 D 被称为距离函数或距离测度：

1）非负性：$D(a,b)\geqslant0$，当且仅当 $a=b$ 时有 $D(a,b)=0$。

2）对称性：$D(a,b)=D(b,a)$。

3）三角不等式：$D(a,b)\leqslant D(a,c)+D(b,c)$。

数字图像中主要有欧式距离、城市街区距离和棋盘距离三种，其中欧式距离是生活中最形象和常见的距离定义方式，而后两者是等间隔取样和量化下常见的图像空间定义方式。三种距离的定义方式如下。

1）欧式距离。欧式距离也称为欧几里得度量，是指 m 维空间中两点之间的真实距离，或者向量的自然长度（即该点到原点的距离）。二维或三维空间中的欧式距离就是两点之间的实际距离。欧式距离 $D_e(a,b)$ 可表示为

$$D_e(a,b)=\sqrt{[(x_1-x_2)^2+(y_1-y_2)^2]} \tag{2-4}$$

2）城市街区距离。指两点在南北方向的距离加上在东西方向的距离。城市街区距离 $D_4(a,b)$ 可表示为

$$D_4(a,b)=|x_1-x_2|+|y_1-y_2| \tag{2-5}$$

3）棋盘距离。棋盘距离 $D_8(a,b)$ 的几何意义是取纵坐标两点数值之差和横坐标两点数值的绝对值中较大的一个，可表示为

$$D_8(a,b)=\max(|x_1-x_2|,|y_1-y_2|) \tag{2-6}$$

（2）像素间距　根据像素之间的邻接关系，像素间距分为并列方式和倾斜方式两种情况，如图 2-41a 所示。

1）并列方式：两像素之间是以上、下、左、右四个方向并列连接。

2）倾斜方式：两像素之间是以倾斜方向连接，倾斜方向有左上角、左下角、右上角、右下角四个方向。

（3）面积　面积是指物体（或区域）中包含的像素总数目。

（4）周长　周长是指物体（或区域）轮廓线上像素间的距离之和。在进行周长测量时，

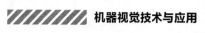

需要根据像素间的连接方式分别计算距离，如图 2-41b 所示。

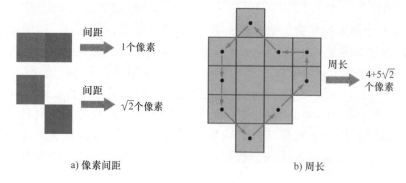

a) 像素间距   b) 周长

图 2-41　图像的像素间距和周长

（5）重心　重心代表了图像的平衡点，即求物体（或区域）中像素坐标的平均值。例如，某白色像素的坐标为 (x_i, y_i)，其中 $i = 0, 1, \cdots, n-1$，则重心坐标 (x_0, y_0) 为

$$(x_0, y_0) = \left(\frac{1}{n} \sum_{i=0}^{n-1} x_i, \frac{1}{n} \sum_{i=0}^{n-1} y_i \right) \tag{2-7}$$

2.4.3　图像属性查看

在 V+平台软件中可以在采集图像完成后查看图像指定位置的属性信息，其具体操作方法如下：

1. 图像像素坐标及 RGB 值

在 2.3.3 节介绍的取像操作完成后，双击打开"002_Cog 取像"工具，鼠标选中所采集图像的任意位置，都会在如图 2-42 所示的①处显示选中点的图像像素坐标及对应的 RGB 值。

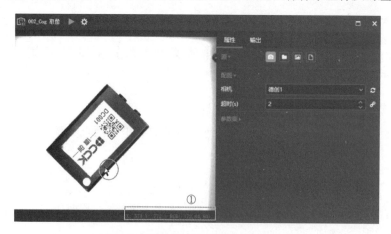

图 2-42　图像像素坐标及 RGB 值查看

2. 图像像素坐标及 Grey 值

打开"002_Cog 取像"工具→单击"文件"→"文件名取像"中单击"打开"，选择本地一张灰度图像→单击"运行"运行该工具→鼠标选中如图 2-43 所示的任一点→在图中①处会显示该点的图像像素坐标和 Grey 值。

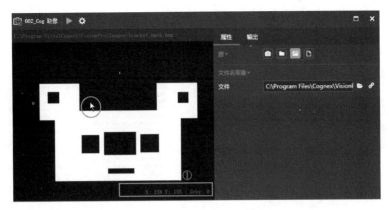

图 2-43　图像像素坐标及 Grey 值查看

2.5　图像保存

保存图像一方面可以帮助项目开发者在没有相机取像的情况下进行离线分析，确定产品质量和性能问题，优化生产流程，并为制造商调整参数和维护设备提供有力的依据；另一方面也可以作为教学材料，用于展示产品质量检测的过程和结果，为学生提供直观的感受和理解，同时，这些图像还可以用于讲解相关的技术原理和工艺流程，帮助学生更加深入地掌握相关知识。

2.5.1　图像文件格式

图像格式是指计算机图像信息的存储格式。同一幅图像可以用不同的格式存储，但不同格式之间所包含的图像信息并不完全相同，图像质量也不同，文件大小也有很大差别。常用的图像文件格式有 BMP、JPEG、GIF 和 PNG 等，其中，PNG 是矢量图的存储格式，其余是位图的存储格式。

1. BMP

BMP 是指位图（Bitmap），文件后缀为 .bmp，是一种无损压缩的图像格式，即每个像素都占用相同的位数，不会引起图像失真，文件占用内存较大。该文件格式是应用范围最广、影响群体最大的一种文件格式，最早在微软公司的 Windows 系统中使用。Windows 系统开机之后首先看到的系统画面一般是 BMP 格式的图像。在处理和保存自己的图形文件时系统默认的图像格式也是 BMP，当然也可以通过手动设置使其成为 JPEG 或 GIF 格式。另外BMP 格式还能满足没有图像处理软件的用户查看、修改图像。

BMP 图像的基本组成包括文件头、位图信息和图像数据。

（1）文件头　主要包含 BMP 图像文件的大小、文件类型、图像数据偏离文件头的长度等信息，如图 2-44 所示。

（2）位图信息　位图信息可分为信息头和颜色信息。BMP 图像的宽、高等尺寸信息、压缩方法，以及图像所用颜色数等信息称为信息头，如图 2-45 所示。而颜色信息包含图像所用到的颜色表，显示图像时需用这个颜色表来生成调色板。BMP 文件格式的调色板结构

定义一个颜色需要 4Byte：蓝分量（B）、绿分量（G）、红分量（R）、保留值（固定为 0），如图 2-46 所示。

偏移量/Byte	内容	字节数
0~1	声明文件类型为BMP，具体数值为字符"BM"，对应ASCII码为0x424D（即十六进制为BM）	2
2~5	文件大小（单位：Byte），非文件实际占用空间大小	4
6~7	保留字，默认值为0	2
8~9	保留字，默认值为0	2
10~13	文件头开始到图像数据之间的偏移字节量	4

a) BMP文件头定义

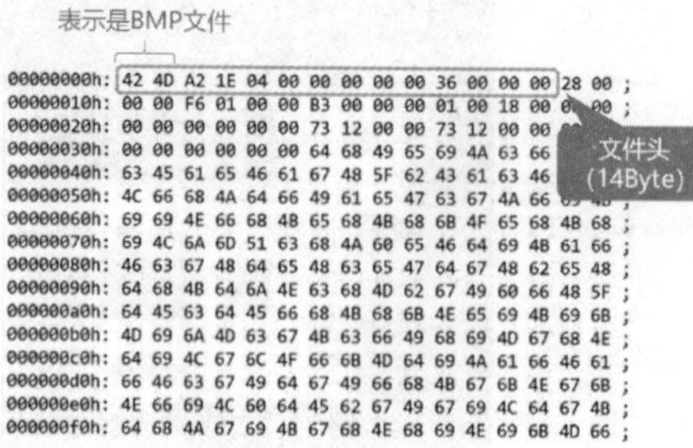

b) BMP图像文件头

图 2-44 BMP 图像的文件头

偏移量/Byte	内容	字节数
14~17	信息头所占字节数，固定值40	4
18~21	图像宽度，以像素为单位	4
22~25	图像高度，以像素为单位	4
26~27	目标设备平面数，必须为1	2
28~29	描述每个像素所需位深	2
30~33	压缩类型，有三种取值：0、1、2	4
34~37	图像数据字节数	4
38~41	目标设备水平方向分辨率（像素/m）	4
42~45	目标设备垂直方向分辨率（像素/m）	4
46~49	该图像实际用到的颜色数	4
50~53	重要颜色数。若为0，则所有颜色都重要	4

a) BMP文件信息头定义

b) BMP图像文件信息头

图 2-45 BMP 图像的信息头

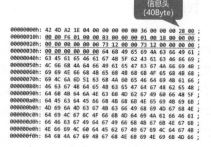

B	G	R	保留值	默认编码
00	00	00	00	1
FF	FF	FF	00	2
00	00	FF	00	3
00	FF	FF	00	4
…	…	…	…	…
…	…	…	…	…
…	…	…	…	…

调色板结构   索引值

图 2-46 BMP 图像的颜色信息

（3）图像数据　表示图像相应的像素值。图像的像素值在文件中的存放顺序为从左到右、从下到上的顺序，即在 BMP 文件中首先存放图像的最后一行像素，最后才存储图像的第一行像素；对于同一行像素，则按照先左边再右边的顺序进行存储，如图 2-47 所示。

1）描述像素颜色所需的位深：若不使用调色板，直接描述像素颜色的 RGB 值，需要 24 位；若使用调色板，根据图像颜色数所需的编码位数不同来表示。

2）调色板小结：调色板对颜色的编码是隐含的，即从 0 开始顺序递增。调色板编码采用等长编码，编码长度取决于颜色数量。

B	G	R	保留值	十进制编码	二进制编码
00	00	00	00	0	00000000
FF	FF	FF	00	1	00000001
00	00	FF	00	2	00000010
00	FF	FF	00	3	00000011
...	...	...	...		
20	18	64	00	255	11111111

a) 图像数据记录顺序　　　　　　　　b) 256色位图调色板颜色编码

图 2-47　BMP 图像数据

2. JPEG

JPEG（Joint Picture Expert Group）是联合图象专家组的英文缩写，是国际标准化组织（ISO）和 CCITT 联合制定的静态图象的压缩编码标准图像存储格式，文件后缀为 .jpeg 或 .jpg。JPEG 是数码相机等广泛采用的图像压缩格式。各类浏览器均支持 JPEG 这种图像格式。既满足了人眼对色彩和分辨率的要求，又适当的去除了图像中很难被人眼所分辨出的色彩，在图像的清晰与大小之间 JPEG 找到了一个很好的平衡点。它的最大优势之处就在于能够对 RGB 图像中的所有颜色信息进行完整地保存，并在这样的基础上增强了对颜色处理的功能。但 JPEG 的压缩技术并不完善，因此在文件压缩处理过程中会丢失数据信息，属于典型的有损压缩格式。

3. GIF

GIF（Graphics Interchange Format）是 CompuServe 公司在 1987 年开发的图像文件格式，文件后缀为 .gif。其主要特点是压缩比高，磁盘空间占用较小。最初的 GIF 只是简单的用来存储单幅静止图像，后来随着技术的发展，可同时存储多幅静止图像从而形成连续的动画，因此可用于在网页或其他数字媒体中显示动画图像。GIF 图像采用无损压缩技术，可以包含多个帧，以创建连续播放的动画效果，有利于人们传达更加复杂的信息。

4. PNG

PNG（Portable Network Graphic）是专门为适应彩色图像的网络图像传输而开发的新型图像格式，文件后缀为 .png。PNG 文件格式采用 KZ77 算法的派生算法进行压缩，其结果是获得高的压缩比且不损失数据。它利用特殊的编码方法标记重复出现的数据，因而对图像的颜色没有影响也不会有颜色的损失，并可以使用最小的空间储存不失真的图像。其采用 Adam M. Costello 公司开发的 Adam7 遍隔行扫描方法，将图像以 7 遍扫描成块绘出图像并填充各块之间的像素，实现在浏览器上采用流式浏览模式，即在完全下载之前提供浏览者一个基本的图像内容，然后再逐渐清晰起来，它允许连续读出和写入图像数据，这个特性很适合于在通信过程中生成和显示图像。

2.5.2　图像保存工具

在保存图像时，图像名称通常需要添加时间后缀，不仅便于图像管理，还能够为后期的查找和维护工作提供更多的信息支持，主要表现在以下两个方面。

1）避免重复命名：在时间后缀中添加毫秒数等信息，可以防止由于快速连续保存导致的文件名相同而被覆盖的问题。

2）便于筛选：在图像文件名中加入时间戳可以方便检索指定时间段内的文件，避免因命名混乱、错误或杂乱无章造成的找不到所需文件的尴尬情况。

V+平台软件的视觉方案实现动态保存图像时，通常会涉及当前时间、格式转换、字符串操作、ICogImage 保存图像等工具。

1. "当前时间" 工具

"当前时间" 工具（图 2-48）可以准确记录并输出图像采集的时间信息，包含了年、月、日、小时、分钟、秒等时间表示方法。"当前时间" 工具在方案图中直接调用即可，属性不需要设置。当时间信息的数据格式不满足图像名称的命名规则时，可以使用格式转换工具进行格式转换。

a) 工具图标　　　　　　　　　　　　　b) 工具输出项

图 2-48　"当前时间" 工具

2. "格式转换" 工具

"格式转换" 工具是一种能将数据从一种格式转换为另一种格式的工具，如图 2-49a 所示，该工具支持多种数据类型的转换，如图 2-49b 所示。它能让用户更加灵活地应对各种数据转换需求，节省了转换数据的时间和人力成本，同时避免了可能出现的误差。"格式转换" 工具的属性配置说明见表 2-5。

a) 工具图标　　　　　　　　　　b) 数据格式类型

图 2-49　"格式转换" 工具

表 2-5　"格式转换"工具属性配置

序号	属性参数默认界面	属性及其说明
1		输入数据：需要进行格式转换的数据，支持链接其他工具的结果参数
2		原数据格式：输入数据的格式，可下拉选择
3		目标数据格式：格式转换后输出数据的格式，可下拉选择
4		转换设置：目标数据格式不同，对应的内容不一样，按转换需求勾选
5		预览：以上参数配置完成后运行该工具可在此预览转换结果

3. "字符串操作" 工具

字符串在机器视觉系统中是一种广泛使用的数据类型，"字符串操作"工具（图 2-50a）主要为了帮助用户更方便地操作字符串，使得复杂字符串的操作更加便捷和高效。

（1）"字符串操作"工具功能介绍　"字符串操作"工具可选择拼接、分割、替换、大小写、去字符等方法，如图 2-50b 所示。各方法作用说明见表 2-6。

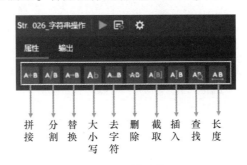

　　拼　分　替　大　去　删　截　插　查　长
　　接　割　换　小　字　除　取　入　找　度
　　　　　　　　写　符

a) 工具图标　　　　　　　　b) 属性参数

图 2-50　"字符串操作"工具

表 2-6　各方法作用说明

序号	方法名称	作　　用
1	拼接	按指定顺序将一个或多个字符串的值拼接为一个字符串
2	分割	对输入字符串按指定分隔符分割，并输出指定索引对应的字符值
3	替换	在输入的字符串中，用指定的新字符值替换原有字符值
4	大小写	将输入字符串的字母字符值统一转换为大写或小写
5	去字符	对输入字符串按特定规则去除空格字符
6	删除	对输入字符串删减指定字符的内容
7	截取	将输入字符串从指定位置开始截取指定长度的字符内容
8	插入	将输入字符串从指定位置开始插入指定字符内容
9	查找	在输入的字符串中，查找指定字符的位置索引（仅限首次或最后匹配的索引值）
10	长度	计算输入字符串字符内容的长度

（2）"字符串操作"工具的属性介绍 "字符串操作"工具在使用时，可根据实际情况选择所需的方法项，其属性参数说明见表2-7。

表2-7 "字符串操作"工具的属性参数

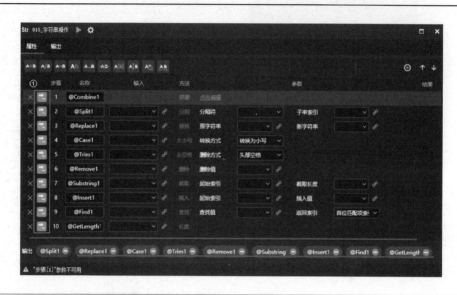

属性参数界面	
属性参数及其说明	步骤：该工具执行方法项的顺序 名称：可自定义该方法的名称 输入：待操作的字符串来源 方法：对输入字符串进行操作的方法 参数：各方法执行所需的参数，运算方法不同对应的参数不一样 结果：该运算方法的结果显示 ①处的输出：默认添加的方法都会输出结果，单击①处 图标可移出输出

4. "ICogImage 保存图像"工具

"ICogImage 保存图像"工具可以将图像全部保存下来，也可以按照指定需求分类保存，其属性参数说明见表2-8。

表2-8 "ICogImage 保存图像"工具属性参数说明

名 称	属性参数默认界面	属性及其说明
图像		图像：选择保存图像的图像源
保存与位置 （全部）		保存："全部"为保存所有图像；"分类"为按要求分类保存
		位置：指定图像存放的路径，可选择已存在的文件夹或链接已设置好的路径
文件名		文件名：指定图像的名称，可直接输入名称或链接其他工具的输出
高级		图片类型：图像保存格式为 Bmp 或 Jpg
		最大数量：图像保存的最大数量

（续）

名　　称	属性参数默认界面	属性及其说明
保存与位置 （分类）		数据：分类保存图像的判断依据，只能链接其他工具的输出 注：根据数据判断结果来选择是否保存以及保存位置

2.5.3　图像保存

在 V+ 平台软件中保存图像时需要避免图像名称相同导致图像被覆盖的问题，因此可以考虑使用获取图像的具体时间来命名，具体操作如下。

1）添加图像保存相关工具。在解决方案"2.3-图像采集-×××"基础上，继续添加保存图像所需的工具，即"当前时间"工具、"格式转换"工具、"字符串操作"工具及"ICogImage 保存图像"工具，并依次链接已添加工具，如图 2-51 所示。在搜索框中输入工具名称可快速查找想要的工具。

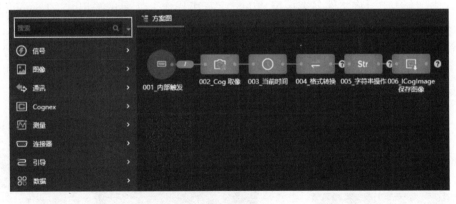

图 2-51　添加工具

2）配置"格式转换"工具属性，如图 2-52 所示。

① 双击打开"004_格式转换"工具→单击"链接"，将"输入数据"内容链接至"003_当前时间"工具的输出"Value"。

② 目标数据格式选择"String"。

③ "显示样式"下拉选择"yyyyMMddHHmmss"，具体到秒。

3）配置"字符串操作"工具属性，如图 2-53 所示。

① 双击打开"005_字符串操作"工具→单击 A·B 图标，添加"字符串拼接"方法。

② 单击①处配置拼接参数→单击 ⊕添加 图标，添加 2 个拼接项。

③ 在②处输入"CCD1"→单击"链接"，链接"004_格式转换"工具的输出项"Result"→分隔符选择"_"→单击"保存"。

40

图 2-52 "格式转换"工具属性

图 2-53 "字符串操作"工具属性

4）配置"ICogImage 保存图像"工具属性，如图 2-54 所示。

① 双击打开"006_ICogImage 保存图像"工具→"图像"下拉选择"002_Cog 取像"工具的输出"Image"。

② 保存处勾选"全部"→单击"文件夹"，选择根路径（即解决方案所在路径）下的"Images"文件夹作为保存图像的位置。

③ 单击"链接"，将文件名链接至"005_字符串操作"工具的输出"@ Combine1"。

5）另存并运行解决方案，如图 2-55 所示。

① 另存解决方案并命名为"2.5-图像保存-×××"。

② 单击"001_内部触发"工具，运行解决方案，则整个流程执行完毕，即在根路径的 Images 文件夹中保存一张图像。

图 2-54 "ICogImage 保存图像"工具属性

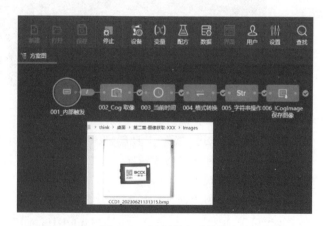

图 2-55 运行并查看结果

本 章 小 结

本章介绍了机器视觉的图像采集环境，包括系统硬件环境和系统软件环境。并对 V+平台软件的基本使用方法进行了详细介绍，包括在 V+平台软件中数字图像的获取和保存方法。

最后详细说明了数字图像的来源及其数字化的过程和相关基础参数，如邻接、区域、连通、边界等，为后续章节内容的展开做铺垫。

习　题

1. 不定项选择题

(1) 数字图像的表示方法包括(　　)。

A. 函数表示法　　　　　　B. 灰度值表示法　　　　C. 矩阵表示法　　　　D. 灰度图像

(2) 数字图像的文件格式包括(　　)。

A. BMP　　　　　　　　B. JPEG　　　　　　　C. GIF　　　　　　　D. PNG

(3) 添加"Cog取像"工具到方案图中的方法包括(　　)。

A. 拖拽　　　　　　　　B. 双击　　　　　　　C. 单击　　　　　　　D. 右击

(4) "字符串操作"工具的作用是(　　)。

A. 进行多个字符串的拼接　　　　　　　　B. 实现字符串的分割效果

C. 替换字符串中指定的字符　　　　　　　D. 查找字符串中指定位置的字符

2. 简答题

(1) 简述工业相机的网络配置过程。

(2) 考虑如图 2-56 所示的像素，令 $V = \{0,1,2\}$，计算 p 和 q 间 4 邻接连通、8 邻接连通和 m 邻接连通的最短长度。

3	4	1	2	0
0	1	0	4	2
2	2	3	1	4
3	0	4	2	1
1	2	0	3	4

图 2-56　图像连通性分析

第 3 章

数字图像处理与应用

本章将就数字图像处理与应用展开讨论，深入介绍数字图像处理与应用的相关知识，包括图像处理基础、灰度变换、图像滤波、平滑和锐化、形态学操作、几何变换等。在本章的学习过程中，读者将掌握数字图像处理技术的核心概念和应用方法，为后续的图像处理及机器视觉工业项目应用打下坚实的基础。

3.1 图像处理技术

3.1.1 数字图像处理概念

数字图像处理是指将模拟图像数字化得到的、以像素为基本元素的数字图像，通过计算机进行存储、去除噪声、增强、复原、分割、提取特征等处理的方法和技术。

数字图像处理的历史可追溯至 20 世纪 20 年代，最早应用的行业之一是在电报业，由电报打印机采用特殊字体在编码纸带上产生的数字图片。随后，通过引入巴特兰电缆图片传输系统，图像第一次通过海底电缆横跨大西洋，从伦敦被送往纽约。客观地讲，当时的应用并不涉及"数字图像处理"，而是"数字图像传输"。早期的"巴特兰"（Bartlane）系统使用 5 个不同的灰度级来编码图像，到了 1929 年这一能力已经扩展到 15 级。计算机图像处理技术的历史可以追溯到 1946 年第一台电子计算机的诞生。到 20 世纪 80 年代，出现了 3D 图像和分析处理 3D 图像的系统。进入 21 世纪，图像处理技术已逐步涉及人类生活和社会发展的各个方面，数字图像处理技术也得到了进一步发展。

数字图像处理的产生和迅速发展主要受三个因素的影响：一是计算机的发展；二是数学的发展（特别是离散数学理论的创立和完善）；三是物理、化学技术的发展（如半导体器件、激光器等）。

3.1.2 数字图像处理内容

第 2 章已经讲述了如何连接机器视觉硬件，将一幅图像传输至计算机软件的过程，并讲解了表示数字图像的相关参数，以及数字图像描述与参数测量的相关概念。将机器视觉和人类视觉相类比，仅有人眼看到东西，而没有大脑对看到的事物进行信息的提取，就不能算是真正的"看到"。所以，将图像数据传输至计算机后，对其中的信息进行处理才是机器视觉过程中真正的关键。

数字图像处理的内容主要包括图像增强、形态学处理、几何变换、图像分割、特征提取、图像模式分类等。

其中，图像增强（Image Enhancement）是增进图像可读性的处理技术，即应用计算机或光学设备改善图像视觉效果的处理，有选择地突出某些感兴趣的信息，同时抑制一些不需要的信息，提高图像的使用价值，如图 3-1 所示。增强处理方式是根据人眼对光亮度观察的特性确定的，目的是提高图像的可判读性。尽管利用相机、镜头、光源、图像采集卡等硬件设备可以极大地提高采集图像的质量，但有时图像仍然不够好，此时就需要利用数字图像增强的技术。

图 3-1 图像增强的效果

图像增强处理的内容包括：反差增强和滤波。反差增强处理在于改善图像上类别的判读效果；滤波处理是为提取或抑制图像的边缘和细节特征、消除噪声等。常用的反差增强方法有对比度扩展、彩色增强、多谱段图像组合与变换。滤波分为空间域滤波和频率域滤波。空间域滤波是指在图像空间域内直接对像素灰度值进行运算处理，常用的有灰度变换、直方图修正、伪彩色处理等。频率域滤波是在某种变换域内对图像的频率进行处理而非图像的本身，如小波变换、傅里叶变换等，如图 3-2 所示。

形态学处理分为区域形态学和灰度形态学，是指一系列处理图像形状特征的图像处理技术。形态学的基本思想是利用一种特殊的结构元来测量或提取输入图像中相应的形状或特征，以便进一步进行图像分析和目标识别。

几何变换是指对图像进行旋转、平移、缩放等几何变换，从而改变图像的相对位置和大小。

图像分割是指将数字图像划分为不同的区域或者对象，提取感兴趣的物体区域，以便于进一步的图像识别、分析等处理。分割方法包括阈值分割、基于边界分割、基于区域分割等。

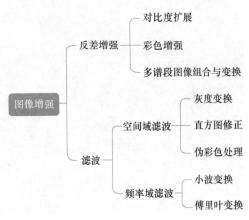

图 3-2 图像增强的内容

特征提取是从数字图像的区域或轮廓中提取出一个或多个特征信息，以便于后续的分类和识别。特征类型包括几何特征、形状特征、幅值特征、直方图特征、颜色特征等。

图像模式分类可以视为将数字图像的特征进行空间排列，图像经过分割和特征提取后，按照某种规则进行分类，例如，按照颜色、纹理、形状等进行分类。

3.1.3 数字图像处理应用

数字图像处理是一门涉及计算机科学、数学、物理学等多个学科的交叉学科，应用范围非常广泛，既适用于医学、空间应用、地理学、生物学、军事等传统领域，又适用于人脸识别、互联网、多媒体检索、虚拟现实等新兴领域。下面介绍几种常见的应用领域。

1. 医学影像处理

医学影像处理是数字图像处理的重要应用领域之一。医学影像是指通过各种成像技术获得的人体组织和器官的影像，这些影像可以用于检测疾病、诊断病情、制定治疗方案等。图 3-3 所示为人体部分骨骼 X 射线扫描图。数字图像处理技术在医学影像处理中的应用主要包括图像增强、图像分割、特征提取等方面。

2. 安全监控

安全监控是数字图像处理的另一个重要应用领域。安全监控系统可以通过摄像头等设备获取现场视频图像，并通过数字图像处理技术对这些图像进行处理和分析，从而实现对现场情况的实时监测和预警。数字图像处理技术在安全监控中的应用主要包括人脸识别、车牌识别、行为分析等方面。图 3-4 所示为数字图像处理运用于智慧交通车辆识别的场景。

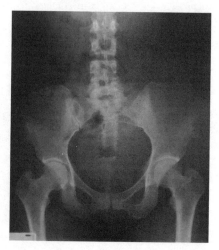

图 3-3 人体部分骨骼 X 射线扫描图

图 3-4 智慧交通车辆识别

3. 工业自动化

工业自动化是数字图像处理的一个非常重要的应用领域，也是本书讲解内容的主要应用场景。工业自动化系统可以通过选择正确的相机、镜头、光源等设备搭建稳定的视觉系统，获取生产现场的图像信息，并通过数字图像处理技术对这些图像进行处理和分析，从而实现对生产过程的监测和控制。数字图像处理技术在工业自动化中的应用主要包括机器人视觉、智能制造等方面。图 3-5a 所示为生产智能手机镜头外环贴膜的产品示意图；图 3-5b 所示为检测载盘内多个镜头和贴膜的有无及正反检测图。

a) 手机镜头外环贴膜的产品示意图   b) 镜头贴膜检测图

图 3-5 智能手机镜头外环贴膜检测

4. 航空航天技术

航空航天技术也是数字图像处理的一个重要应用领域。航空航天技术需要对飞机、卫星等进行遥感监测，以获取有关地球表面的信息。数字图像处理技术可以应用于遥感图像的预处理、分类识别、目标跟踪等方面，为航空航天技术的快速发展提供了有力支持。图 3-6 所示为利用遥感技术拍摄的地面带有连续光谱的三维点云图像。

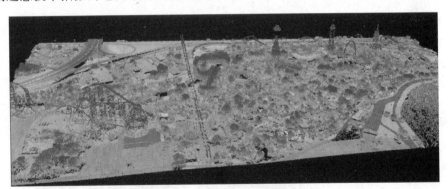

图 3-6 地面三维点云图像

5. 日常生活应用

数字图像处理技术还广泛应用于日常生活中的各种场景，如手机拍照、数码相机拍摄、视频游戏制作等。随着智能手机和平板计算机等移动设备的高速发展，数字图像处理技术已经深入到人们日常生活中的方方面面。

总之，数字图像处理技术已经成为现代社会各行各业中不可或缺的一部分。随着计算机技术和相关学科的不断发展，数字图像处理技术将会得到更加广泛的应用和发展。

3.2 图像处理基础

本节主要介绍在 V+平台软件中用于调用数字图像处理算法的工具，并介绍图像类型变换、灰度直方图的概念，以及相关算法的使用方法及应用。

3.2.1 工具块

1. 工具块结构

"工具块"（ToolBlock）工具的作用是将图像与分析该图像的一组视觉工具相关联，用于增加和改进应用程序的结构，如图 3-7 所示。

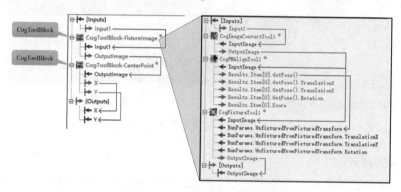

图 3-7 "ToolBlock" 工具结构

ToolBlock 通过以下方式增加和改进应用程序的结构：

1）按功能组织所用的视觉工具，而只显示必要的结果终端。
2）创建可重用组件。
3）为视觉逻辑的复杂任务提供简化的界面。

2. "工具块"工具界面

V+平台软件中"工具块"工具的默认界面如图 3-8 所示。

视频演示

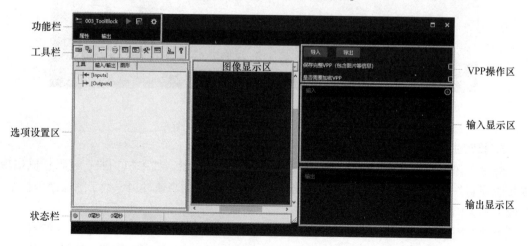

图 3-8 "工具块"工具默认界面

3. 添加工具块输入与输出

对采集到的图像进行视觉处理时，通常会选择在工具块中来完成，并需要将与图像处理相关的数据和图像传入工具块，具体操作如下。

1）双击桌面图标，在弹出的界面新建"空白"解决方案，如图 3-9 所示。

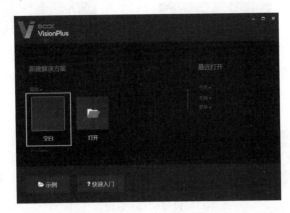

图 3-9　新建"空白"解决方案

2）进入设计模式界面后可单击图标，将该解决方案保存，并命名为"3.2-图像处理基础-×××"，如图 3-10 所示。

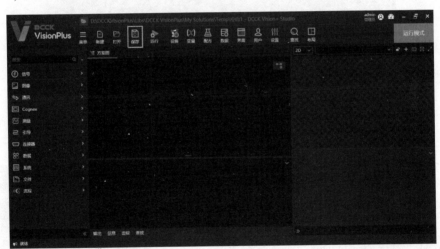

图 3-10　打开并保存解决方案

3）添加"内部触发"和"Cog 取像"工具，并相互链接，如图 3-11 所示。

4）设置"Cog 取像"工具的图像来源。源：文件夹；文件夹路径：单击图标选择根路径下的"Images"，如图 3-12 所示。

注：此处规定根路径为方案所在的路径，即"3.2-图像处理基础-×××"的"Images"文件夹中存有图像素材。

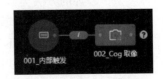

图 3-11　添加"内部触发"
和"Cog 取像"工具

47

48

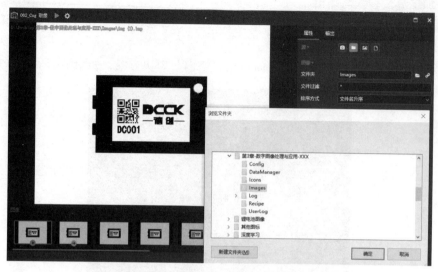

图 3-12　设置"Cog 取像"工具

5）添加"ToolBlock"。打开"Cognex"工具包，双击或拖出①处的"ToolBlock"，链接至②处的"Cog 取像"工具后，运行该工具，如图 3-13 所示。

图 3-13　添加"ToolBlock"

6）"ToolBlock"添加输入（以输入图像为例）。双击打开"ToolBlock"，单击①处的 ⊙ 图标→在②处下拉选择"Cog 取像"工具的输出③"Image"→在②处可自定义输入项的名称，默认为"Input1"，如当前输入的为图像，可将"Input1"修改为"Image"，如图 3-14 所示。

注："ToolBlock"的输入可以是数据、变量、图像等多种类型，添加的方法类似。

7）"ToolBlock"添加输出。将输入图像①"Image"作为输出拖拽给②"Outputs"，在"Outputs"的下级即可看到输出图像"Image"，并同步显示在③处的输出显示区，如图 3-15 所示。

注："ToolBlock"的输出可以是数据、变量、图像等多种类型，添加的方法类似。

图 3-14　"ToolBlock"添加输入

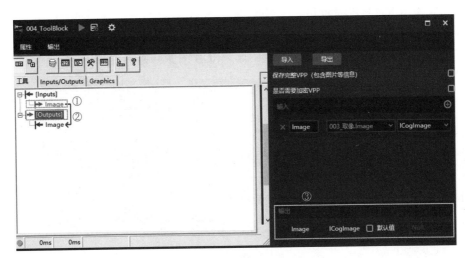

图 3-15 "ToolBlock" 添加输出

3.2.2 图像类型变换和灰度直方图

1. 图像基础知识

在机器视觉应用中，相机的成像过程如图 3-16 所示，成像系统会收集场景元素所反射的能量，并将产生与接收的能量成正比的输出，将这些输出从模拟信号经过放大和模数转换，最终得到图中数字化后的图像，又简称为数字图像。简单地说，数字图像就是能够在计算机系统中被显示和处理的图像，可根据其特性分为两大类——位图和矢量图。位图通常使用数字阵列来表示，常见的图片格式有 BMP、JPG、GIF 等，在第 2 章中已介绍过；矢量图由矢量数据库表示，常见的图片格式为 PNG。一般而言，使用数字摄像机或数字照相机得到的图像都是位图图像，本书中提到的"图像"和"数字图像"也都指位图图像。

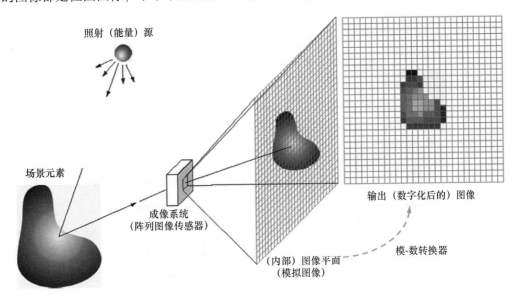

图 3-16 相机的成像过程

在数字图像中有整齐排列的方格，这些方格是相机所能识别到的最小单元，称之为像素。

数字图像的表示方法是对图像处理算法描述和利用计算机处理图像的基础。一个二维数字图像的常见表示方法有二值图像、灰度图像、RGB 图像，如图 3-17 所示。

扫码看彩图

a) 二值图像　　　　　　b) 灰度图像　　　　　　c) RGB图像

图 3-17　数字图像表示方法

（1）二值图像　二值图像又称黑白图像，每个像素只有黑、白两种颜色的图像。在图像中，像素只有 0 和 1 两种取值，0 表示黑色，1 表示白色，通常用于表示物体的轮廓或边缘等信息，因此二值图像更容易分离出目标物体，适合于图像轮廓检测、识别和跟踪等应用场景。

（2）灰度图像　灰度图像中每个像素的信息由一个量化后的灰度等级来描述，不含彩色信息，只含亮度信息。标准灰度图像中每个像素的灰度值用 1Byte（字节）表示，灰度级数为 256 级，灰度值范围为 0~255。0 表示黑色，255 表示白色，1~254 为灰度过渡范围，值越大图像越亮。因此，灰度图像可以显示更多的细节和渐变，适合于处理需要考虑亮度和暗度的情况。

（3）RGB 图像　在数字图像中，通过控制红（R）、绿（G）、蓝（B）这三个颜色分量组合在一起形成的彩色图像，叫作 RGB 图像，其中每种单色都是 8bit，即从 0~255 分成了256 个级，所以根据 R、G、B 的不同组合可以表示 $256×256×256=2^{24}$（超过 1600 万）种颜色，这种 24bit 的 RGB 彩色图像被称为全彩色图像或者真彩色图像。彩色图像包含了灰度图像没有的颜色信息维度，能够实现更加真实的显示效果。

2. 图像类型转换工具

"CogImageConvertTool"能够实现图像类型的转换，可以将 16bit 彩色图像转换为 8bit 灰度图像。V+平台软件中的"CogImageConvertTool"主界面如图 3-18 所示。

图 3-18　"CogImageConvertTool"主界面

在使用"CogImageConvertTool"时，"运行模式"默认为"亮度"，此时直接传入彩色图像即可实现从彩色图像到灰度图像的转换；如果需要实现其他类型的转换，可以在"运行模式"中选择相应的算法。

图 3-19 所示为该工具的一个应用示例，在视觉软件中，有些工具（如后文讲解的直方图工具）是不支持处理彩色图像的，必须用图像类型转换工具将图像转换为灰度图像或二值图像才可以正常处理。

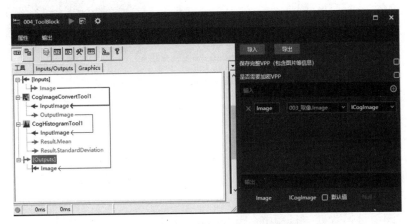

图 3-19 "CogImageConvertTool"应用示例

3. "直方图"工具

"CogHistogramTool"可以对整张图像或者图像中指定区域的灰度值分布情况进行统计分析，同时还可以输出详细的数据和直方图结果，但其输入图像不支持彩色图像。

"CogHistogramTool"可选择的区域形状如图 3-20 所示。①处默认为"使用整个图像"，即对整个图像进行直方图统计。当在①处选择了区域形状，如圆形（CogCircle），在②所指示的"Current. InputImage"图像缓冲区会对应出现如③所示的蓝色圆框，鼠标指针选中圆框可修改其位置和大小，从而实现对指定区域进行直方图统计。

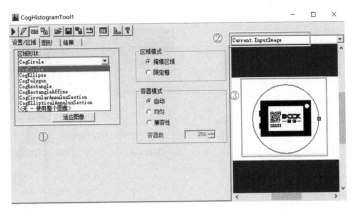

图 3-20 "CogHistogramTool"区域形状选择

"CogHistogramTool"的结果输出如图 3-21 所示，主要有以下三类形式。

（1）统计信息 "CogHistogramTool"的结果统计信息如下。

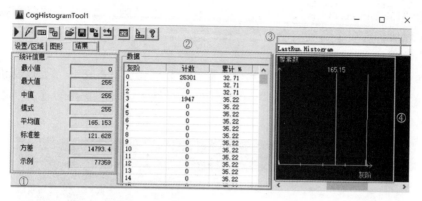

图 3-21 "CogHistogramTool" 结果展示

1) 指定区域灰度值的最小值、最大值、中值、平均值、标准差、方差。

2) 模式：像素数最多的灰度值。

3) 示例：指定区域的总像素数。

（2）数据　数据统计中详细列举出了每个灰度值的像素数和像素数占选定区域的累计百分比。

（3）直方图　选择③处 "LastRun. Histogram" 图像缓冲区，即可得到④处所示的灰阶-像素数的直方图，在直方图中白色的竖线表示"统计信息"中的"平均值"，鼠标指针放在竖线上能够看到相关的提示信息。

3.2.3　锂电池有无检测

图 3-22 所示为相机采集的两幅图像，左侧图像中有锂电池，则图像的灰度值有等级区分，而右侧图像中无锂电池，图像的灰度值单一，依据图像的此差异性，可实现锂电池的有无检测。

在 V+平台软件中结合本项目所介绍的工具来完成锂电池有无的检测，具体步骤如下。

1) 添加图像类型转换工具并运行，如图 3-23 所示。

图 3-22　图像对比

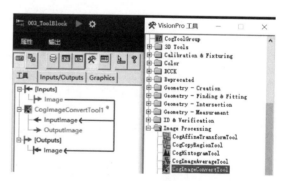

图 3-23　添加图像类型转换工具并运行

① 打开 "3.2-图像处理基础-×××" 解决方案→双击 "ToolBlock"→单击 图标打开工具箱。

② 双击 "Image Processing" 文件夹中的 "CogImageConvertTool"，在工具栏中会出现添加的 "CogImageConvertTool"。

③ 将 [Inputs] 的输出端 "Image" 拖拽至 "CogImageConvertTool" 的 "InputImage"。

④ 单击▶图标运行 "ToolBlock"，在 "CogImageConvertTool" 后出现绿点，即代表工具运行完成。

2）添加直方图工具并运行，如图 3-24 所示。

① 单击✕图标打开工具箱，双击或拖拽 "Image Processing" 文件夹中的 "CogHistogramTool"，将其添加至左侧工具栏中。

② 将 "CogImageConvertTool" 的 "OutputImage" 拖拽至 "CogHistogramTool" 的 "InputImage"。

③ 单击▶图标运行 "ToolBlock"，在 "CogHistogramTool" 后出现绿点，即代表工具运行完成。

3）结果输出，如图 3-25 所示。

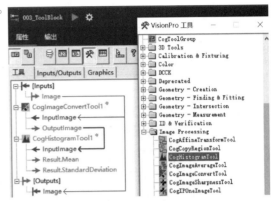

图 3-24　添加直方图工具并运行

① 查看 "CogHistogramTool" 的输出参数 "Result. StandardDevivation"，即标准差。无电池时，标准差为 0；有电池时，标准差在 60 以上。

② 将标准差添加到 "ToolBlock" 的输出，在①处会看到已添加的输出项。

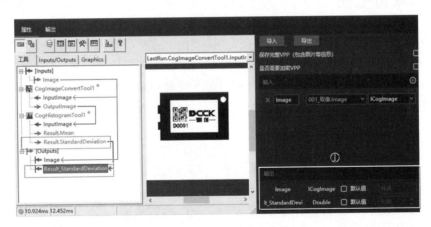

图 3-25　结果输出

4）添加终端。默认状态下，直方图工具的终端仅输出了均值和标准差，如果需要也可以将其他统计信息显示在终端，选中 "CogHistogramTool"，鼠标右键单击选择①"添加终端"，如图 3-26 所示。

5）在 "成员浏览" 选择①处所示 "典型"，选中需要添加的结果项，如②处所示选择 "中值"，单击③处"添加输出"，如图 3-27a 所示。

注：如果待添加的输入输出端未显示，需要将③处的"浏览"模式切换至 "所有（未过滤）"，显示该工具的

图 3-26　添加终端

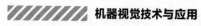
所有输入输出终端。

6）添加完成后，会自动显示在"CogHistogramTool"的输出终端，如图3-27b所示。

注：其他工具的输入输出终端添加方法类似。

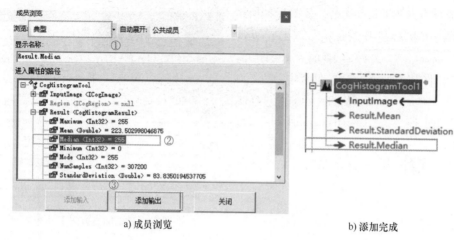

a) 成员浏览   b) 添加完成

图 3-27　完成终端添加

3.3　图像灰度变换

图像的灰度变换是图像增强处理中一种非常基础、直接的空间域图像处理方法。由于成像系统和照明光源老化等原因的限制，在某些情况下，图像对比度太弱，需要对图像局部或整体进行灰度值的变换。灰度变换可被视为一种点处理，是指根据某种目标条件按一定变换关系逐点改变源图像中每一个像素灰度值的方法，目的是改善画质，以得到更利于进行处理的图像。其变换形式如下：

$$g(x,y) = T[f(x,y)] \tag{3-1}$$

式中，(x,y) 是像素坐标；T 是灰度变换函数；$f(x,y)$ 是变换前的图像灰度描述值；$g(x,y)$ 是变换后的图像灰度描述值。对于单幅灰度图像，T 常常作用于像素点 (x,y) 的邻域，(x,y) 的邻域指的是以该点为中心的正方形或矩形子图像，如图3-28所示。

目前，常用的灰度变换方法主要分为三种：线性灰度变换、分段线性灰度变换和非线性灰度变换。

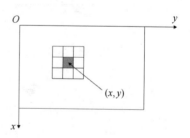

图 3-28　T 作用于像素点邻域的处理

3.3.1　线性灰度变换

1. 线性灰度变换的概念

线性灰度变换是将图像的像素值通过指定的线性函数进行变换，以此增强或减弱图像的灰度（人眼看到的亮度）。线性灰度变换如图3-29所示，数学表达式为：

$$g(x,y) = k[f(x,y) - a] + b \tag{3-2}$$

式中，$k = (d-c)/(b-a)$，为线性变化函数（图3-29中直线）的斜率，该值不同，线性灰度变换后的图像效果也不同，具体分为以下四种情况。

1）$k>1$，扩展动态范围，即最大值与最小值比率增加，对于真实场景，它指场景中最明亮处与最黑暗处的亮度之比增加，则此时图像包含了更大的场景亮度动态范围，图像对比度增大，弥补了硬件设备输出亮度范围不足或曝光不足的欠缺，如图 3-30b 所示。

2）$k=1$，改变取值区间，图像灰度动态范围不变，被变换区域整体变亮或变暗，如图 3-30c 所示。

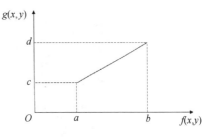

图 3-29 线性灰度变换图

3）$0<k<1$，缩小动态范围，指真实场景中最明亮处与最黑暗处亮度之比减小，则此时图像包含的亮度动态范围变小，图像对比度减小，如图 3-30d 所示。

4）$k<0$，反转或取反，变换后图像灰度值会反转，即原来亮的区域变暗，暗的区域变亮，如图 3-30e 所示。当 $k=-1$ 时，转换后图像为转换前图像的底片。

a) 原始图像

b) $k>1$变换后   c) $k=1$ d) $0<k<1$ e) $k<0$

图 3-30 线性灰度变换图

2. 线性灰度变换工具

本章学习的数字图像处理方法都属于图像预处理算法，V+平台软件将这一部分封装于"ToolBlock"工具栏的"CogIPOneImageTool"（简称IPOne）中，添加方式如图 3-31 所示。

在"CogIPOneImageTool"中添加不同的算法步骤可以实现不同的灰度变换效果，以下将对"加/减常量"和"乘以常数"算法进行介绍。

（1）加/减常量 对于输入的灰度图像，此算法可以向灰度图像中每个像素的灰度值添加正值或负值，以生成比原始图像更亮或更暗的图像，如图 3-32所示。

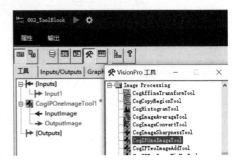

图 3-31 添加"CogIPOneImageTool"

56

a) 灰度原图

b) 灰度加80常量

c) 灰度减80常量

图 3-32　灰度图像加/减常量效果图

对于 CogImage24PlanarColor 类型（即彩色图像）的输入图像，可以将值分别添加到平面 0（红色）、平面 1（绿色）和平面 2（蓝色）。如图 3-33b 所示为在原图基础的红色分量上增加 255 的图像效果；如图 3-33c 所示为在原图基础的红色分量上减少 255 的图像效果。

a) 彩色原图

b) 平面0加255常量

c) 平面0减255常量

图 3-33　彩色图像加/减常量效果图

如图 3-34 所示为 "CogIPOneImageTool" 加/减常量的设置界面，相关参数介绍见表 3-1。

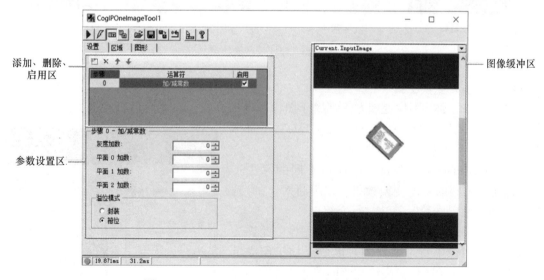

图 3-34　"CogIPOneImageTool" 加/减常量设置界面

表 3-1　"CogIPOneImageTool"加/减常量相关参数介绍

序号	名　称	说　明
1	灰度加数	可输入正负整数，将其添加到灰度输入图像中每个像素的灰度值中
2	平面 0 加数	可输入正负整数，将红色分量添加到 24 位彩色类型输入图像每个像素值中
3	平面 1 加数	可输入正负整数，将绿色分量添加到 24 位彩色类型输入图像每个像素值中
4	平面 2 加数	可输入正负整数，将蓝色分量添加到 24 位彩色类型输入图像每个像素值中
5	封装	允许在操作后将小于 0 或大于 255 的像素值进行换行或限制。例如，在灰度图像的情况下，如果允许值进行换行，则原图灰度值为 200 的像素添加了值 100 后，将具有新的值 45（200+100−255）
6	箝位	不对像素值进行换行或限制，操作后的值不超出 0～255。例如，原图灰度值为 200 的像素添加了值 100 后，新值为 255，不会超过值 255；原图灰度值 100 的像素减去值 200 后，新值为 0

（2）乘以常数　对于输入的灰度图像，此算法可以将灰度图像中每个像素的灰度值乘以一个不为负的恒定值 k，图像效果如图 3-35 所示。

a) 灰度原图　　　　　　　b) 灰度乘2　　　　　　　c) 灰度乘0.5

图 3-35　灰度图像乘以常数效果图

1）若 $0<k<1$，相当于可生成比原始图像更暗的图像。

2）若 $k=1$，图像无变化。

3）若 $k>1$，可生成比原始图像更亮的图像。

对于 CogImage24PlanarColor 类型的输入图像，将平面 0（红色）、平面 1（绿色）和平面 2（蓝色）的值乘以指定的不为负的恒定值 k，针对于不同平面，效果类似于灰度图像，如图 3-36 所示。

扫码看彩图

a) 彩色原图　　　b) 平面0乘常量5　　　c) 平面1乘常量5　　　d) 平面2乘常量5

图 3-36　彩色图像乘以常数效果图

图 3-37 所示为"CogIPOneImageTool"乘以常数的设置界面，相关参数介绍见表 3-2。

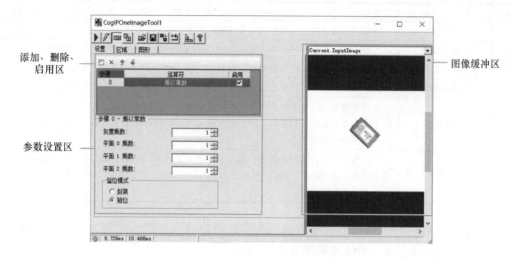

图 3-37 "CogIPOneImageTool"乘以常数设置界面

表 3-2 "CogIPOneImageTool"乘以常数相关参数介绍

序号	名　称	说　明
1	灰度乘数	可输入非负数，与输入的灰度图像中每个像素的灰度值相乘并输出
2	平面 0、1、2 加数	可输入非负数，将红色、绿色、蓝色分量值与 24 位彩色类型输入图像的每个像素值相乘并输出
3	溢位模式	封装和箝位模式已在表 3-1 中介绍，此处不再赘述

3. 线性灰度变换应用

1）新建解决方案并取像，如图 3-38 所示。

① 新建空白解决方案并保存，命名为"3.3-图像灰度变换-×××"。

② 添加"内部触发""Cog 取像""Tool-Block"工具并进行链接。

③ "Cog 取像"工具：选择源为文件夹，文件夹为已包含两张锂电池图像的根目录下的"Images"，运行该工具。

2）在"ToolBlock"内添加相关算法工具，如图 3-39 所示。

① "ToolBlock"右侧输入添加"Cog 取像.Image"。单击 ☒ 图标打开工具箱，双击或拖拽"Image Processing"文件夹中的"CogImageConvertTool"和"CogIPOneImage-Tool"，分别添加至左侧的工具栏中。

② 将"［Inputs］"的输入图像"Input1"

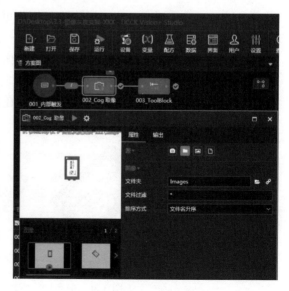

图 3-38 新建解决方案并取像

拖至"CogImageConvertTool"的"InputImage",将"CogImageConvertTool"的"OutputImage"拖至"CogIPOneImageTool"的"InputImage",并重命名后者工具为"CogIPOneImageTool-灰度加减常量"。随后运行"ToolBlock"。

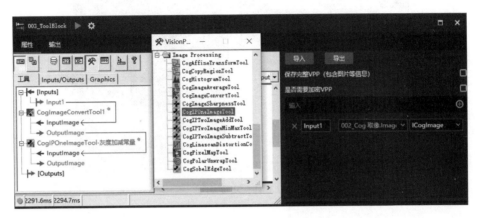

图 3-39 "ToolBlock"内添加相关算法工具

3）打开"CogIPOneImageTool-灰度加减常量",单击 图标,选中"加/减常量"将其添加至运算符栏中,如图 3-40 所示。

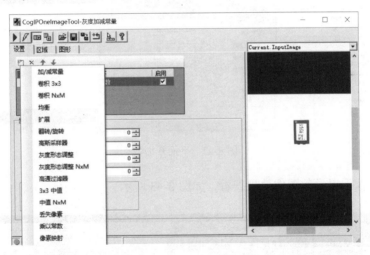

图 3-40 添加"加/减常量"

4）灰度加数设置为"-80",图像缓冲区切换至"LastRun. OutputImage",可查看获得的整体更暗的图像,如图 3-41 所示。若需要输出部分区域而非整张图像,可在"区域"选项卡下选择形状并在"Current. InputImage"中进行框选。

5）彩色图像平面 0 加数图像效果查看,如图 3-42 所示。

① 添加一个新的"CogIPOneImageTool"并重命名为"CogIPOneImageTool-彩色加减常量",输入图像来自"Input1"。

② 添加"加减常/量"运算符,平面 0 加数设置为"200",即可在"LastRun. OutputImage"查看溢位模式为"箝位"时在红色分量上增加 200 的图像效果。

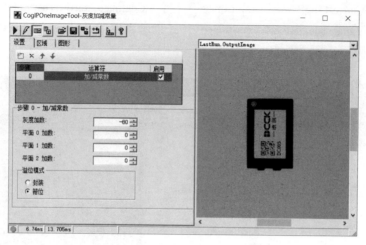

图 3-41　灰度加数

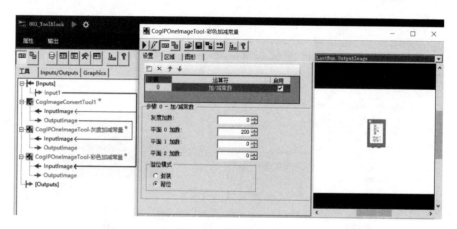

图 3-42　平面 0 加数

6）灰度图像乘以常数图像效果查看，如图 3-43 所示。

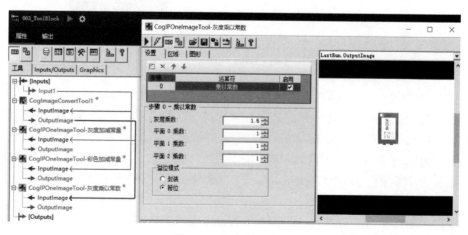

图 3-43　灰度乘以常数

① 添加一个新的 "CogIPOneImageTool" 并重命名为 "CogIPOneImageTool-灰度乘以常数"，输入图像来自 "CogImageConvertTool" 格式转换后的图像。

② 添加 "乘以常数" 运算符，灰度系数设置为 "1.5"，即可在 "LastRun. OutputImage" 查看整体像素灰度值乘以 1.5 后的图像效果。

7）彩色图像乘以常数图像效果查看，如图 3-44 所示。

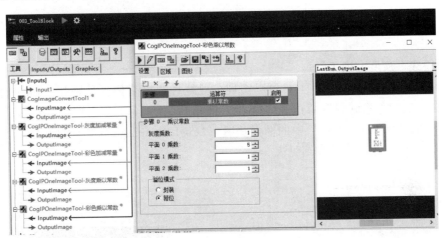

图 3-44　彩色乘以常数

① 添加一个新的 "CogIPOneImageTool" 并重命名为 "CogIPOneImageTool-彩色乘以常数"，输入图像来自 "Input1"。

② 添加 "乘以常数" 运算符，平面 0 乘数设置为 "5"，即可在 "LastRun. OutputImage" 查看整体像素乘以 5 倍红色分量后的图像效果。

3.3.2　分段线性灰度变换

1. 分段线性灰度变换的概念

前一节已经学习了线性灰度变换的方法，但实际应用场景中，并不总对整张图像进行灰度变换，而常常需要突出某些重要的区域，弱化不非重要的区域，此时可以采用分段线性灰度变换的方法。图 3-45 所示为分段线性灰度变换前后的图像效果。

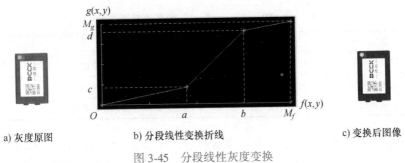

a) 灰度原图　　　　　b) 分段线性变换折线　　　　　c) 变换后图像

图 3-45　分段线性灰度变换

每一个区间都有一个对应的局部线性灰度变换映射关系，如图 3-45a 所示重要的目标区域（锂电池图像轮廓及其表面字符）的灰度值范围 $[a,b]$ 被拉伸到 $[c,d]$，其他灰度区间

机器视觉技术与应用

被压缩，对应的分段线性变换表达式为

$$g(x,y)=\begin{cases} \dfrac{c}{a}f(x,y), & 0\leqslant f(x,y)<a \\ \dfrac{d-c}{b-a}[f(x,y)-a]+c, & a\leqslant f(x,y)\leqslant b \\ \dfrac{M_g-d}{M_f-b}[f(x,y)-b]+d, & b<f(x,y)\leqslant M_f \end{cases} \tag{3-3}$$

2. 分段线性灰度变换工具

在 V+平台软件中，有两个工具可以实现分段线性灰度变换，分别是"CogIPOneImage-Tool"工具中的"像素映射"算法和"CogPixelMapTool"工具。

（1）"CogIPOneImageTool"中的像素映射　"CogIPOneImageTool"中像素映射的设置界面如图 3-46 所示，相关参数介绍见表 3-3。

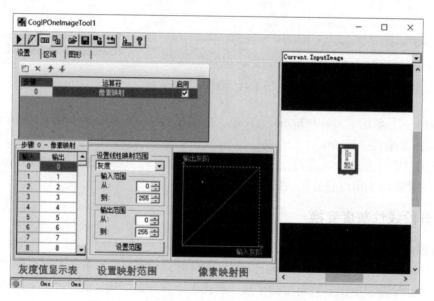

图 3-46　"CogIPOneImageTool"像素映射设置界面

表 3-3　"CogIPOneImageTool"像素映射相关参数介绍

序号	名　称	说　明
1	设置线性映射范围	分为灰度、平面0、平面1、平面2，与像素映射图相对应
2	输入范围	范围 [-255，255]，对应像素映射图横坐标数值
3	输出范围	范围 [-255，255]，对应像素映射图纵坐标数值

（2）"CogPixelMapTool"（也称为"像素映射"工具）　"CogPixelMapTool"设置界面如图 3-47 所示，可以在此页进行创建、移动、删除和查看定义此工具的像素映射功能的参考点，相较于"CogImageIPOneTool"中的像素映射算法更为灵活。部分相关参数介绍见表 3-4，更多进阶参数及操作方法详见软件帮助文档。

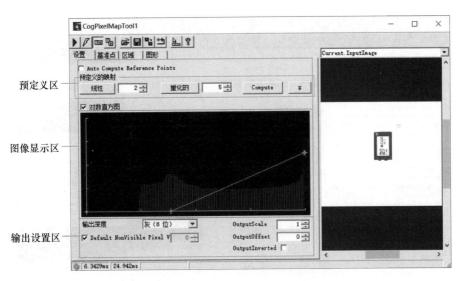

图 3-47 "CogPixelMapTool" 设置界面

表 3-4 "CogPixelMapTool" 设置界面相关参数介绍

序号	名 称	说 明
1	Auto Compute Reference Points	默认勾选，即自动计算参考点，自行生成映射；若要更改映射结果，需要取消勾选该参数
2	线性	重置线性，用指定数量的中间参考点创建线性映射函数
3	量化	重置量化，创建具有指定步数的量化（阶梯式）映射函数
4	Compute	计算映射
5	进阶按钮 ≥	打开高级功能"计算映射参数"，可以选择创建映射的方式，并定义输出参数的输出范围。仅当未勾选"Auto Compute Reference Points"时，才能修改某些高级属性
6	对数直方图	若勾选，则使用横坐标的对数刻度显示输入图像像素值的直方图。使用对数显示可防止出现少量带有大量样本的容器，而不会混淆带有少量样本的容器
7	图像显示区	若未勾选"Auto Compute Reference Points"，则可以单击并拖动"图像显示区"中的任何参考点（折线上的十字型图形）以移动参考点，还可鼠标右键单击折线添加和删除参考点。由参考点定义的映射函数以蓝色显示，而由输出比例、偏移和反演修改的映射函数以绿色显示
8	输出深度	设置输出图像的像素深度。可以指定 8bit 灰度图像以及具有 8bit、10bit、12bit、14bit 或 16bit 实际图像数据的 16bit 灰度图像。输出图像深度必须小于或等于输入图像深度
9	Default NonVisible Pixel Value	可以为缺少的像素设置默认值，默认的不可见像素值（output1）是第一点
10	OutputScale	输出比例，设置线性比例因子以应用于映射函数的输出。注意：此属性应在运行时用于缩放，而不是"最大范围乘数"，因为它会将所有参考点相乘
11	OutputOffset	输出偏移，设置偏移值以应用于映射函数的输出
12	OutputInverted	输出反相，如果勾选则映射函数的输出将反转

3. 分段线性灰度变换应用

1）添加"CogIPOneImageTool"中的像素映射，如图 3-48 所示。

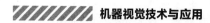
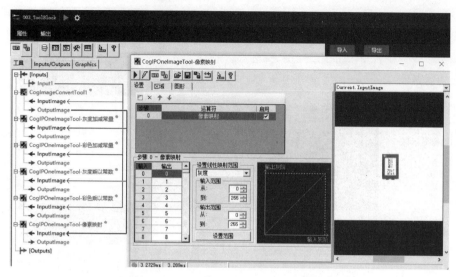

图 3-48　添加 "CogIPOneImageTool-像素映射"

① 打开 "3.3-图像灰度变换-×××" 解决方案，并运行程序。

② 打开 "ToolBlock" 添加一个 "CogIPOneImageTool"，并重命名为 "CogIPOneImageTool-像素映射"。

③ 打开 "CogIPOneImageTool-像素映射"，添加一个像素映射。

2）设置 "CogIPOneImageTool-像素映射" 的线性映射范围，以获得对比更明显的锂电池图像，如图 3-49 所示。可供参考的输入范围：从 0 到 150；输出范围：从 0 到 0。单击 "设置范围"，运行工具，切换至 "LastRun. OutputImage" 即可查看结果图像。

3）在 "ToolBlock" 中添加 "Image Processing" 文件夹中的 "CogPixelMapTool"，并链接图像转换后的图像作为输入图像，如图 3-50 所示。

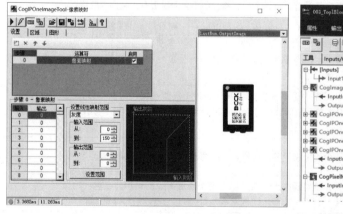

图 3-49　设置并查看像素映射结果图像

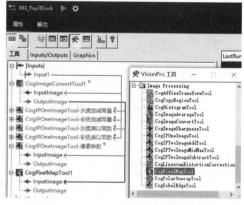

图 3-50　添加 "CogPixelMapTool"

4）取消勾选 "Auto Compute Reference Points"，勾选 "对数直方图"，在下方的 "图像显示区" 单击并拖拽参考点，将低灰度值像素的灰度值设为 0，高灰度值像素的灰度值设为 255，并运行工具，切换至 "LastRun.输出图像" 查看结果图像，如图 3-51 所示。

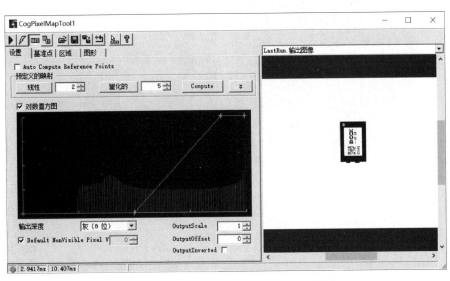

图 3-51　设置"CogPixelMapTool"查看结果

3.3.3　非线性灰度变换

在工业领域中，较为简单的生产过程使用线性灰度变换进行机器视觉处理已经足够。线性灰度变换通常可以使图像整体对比度得到优化，但对于色彩分布更为复杂的图像来说，线性灰度变换能达到的图像细节增强效果有限，此时需要进行非线性灰度变换，有选择地对某些范围的灰度值进行扩展，对其他灰度范围进行压缩。

非线性灰度变换的原理和线性灰度变换相同，也是对每个像素点进行变换，常用的非线性灰度变换有对数变换和伽马变换。

1. 对数变换

对数变换是非线性灰度变换的一种常用方法，其一般表达式为式（3-4），变换曲线如图 3-52 所示。

$$g(x,y) = c\log\left[f(x,y)+1\right] \qquad (3\text{-}4)$$

式中，c 是一个常数（此时默认为 1），从图 3-52 可以看出，通过对数据进行对数变换可以扩展输入图像中范围较窄的低灰度值范围，压缩范围较宽的高灰度值范围。这使得在一些工程问题中，图像中某些低灰度值特征更清晰地被展现出来，如图 3-53 所示。反对数（指数）变换能实现的效果则正好相反。

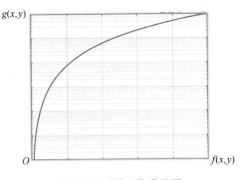

图 3-52　对数变换曲线图

对数函数具有压缩像素值动态范围的重要性质，对如图 3-52 展示的对数函数的曲线，能扩展或压缩图像中的灰度级，但伽马变换会更为通用。

a) 原图   b) 对数变换后

图 3-53　对数变换图像

2. 伽马变换

伽马变换也称为幂律变换，其一般表达式为式（3-5），如图 3-54 所示为幂 γ 为不同值时，$g(x,y)$ 和 $f(x,y)$ 的关系曲线。

$$g(x,y)=c\left[f(x,y)\right]^{\gamma} \tag{3-5}$$

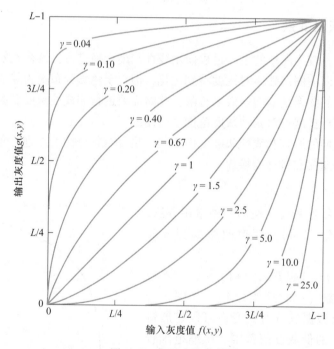

图 3-54　伽马变换曲线图

式中，c 和 γ 皆为正常数，从图 3-54 中可以观察到，同对数函数一样，伽马变换用 γ 的值将较窄范围的低灰度输入值映射为较宽范围的输出值，将高灰度输入值映射为较窄范围的输出值。且 $\gamma>1$ 时与 $\gamma<1$ 时生成的曲线效果相反。和对数函数不同的是，伽马变换可以改变 γ 的值来有选择性地增强低灰度值区域或高灰度值区域的对比度。图 3-55 所示为 γ 值分别为 0.75、0.55、1.3、2 时的转换图像，可以根据实际需求选择 γ 的值。

a) 原始图像

b) γ=0.75图像

c) γ=0.55图像

d) γ=1.3图像

e) γ=2图像

图 3-55　伽马变换图像

3.4　图像滤波基础

在数字图像处理中，由于受到成像方法的限制，图像中的边缘、细节特征等重要信息经常湮没于噪声信号中，严重影响了图像的视觉效果，甚至妨碍了人们的正常识别。因此在机器视觉、模式识别、图像分析和视频编码等领域，图像去噪在削弱噪声，提高信噪比的同时还要保护边缘和细节信息，其处理效果的好坏将直接影响后续工作的质量和结果。在这方面，滤波算法是常用的去噪方法，主要包括空域滤波和频域滤波两大类。前者是在原图像上直接进行数据运算，对像素的灰度值进行处理。而频域法是在图像的变换域上对变换后的系数进行相应的处理，然后进行反变换达到图像去噪的目的。

本节将介绍图像去噪所涉及的相关内容，主要包括图像噪声的含义、噪声类别以及常用的滤波算法原理。

3.4.1　图像噪声

1. 图像噪声的来源

对图像噪声可以从两种角度来定义：一种是从人的感观角度，认为图像噪声是妨碍人的感觉器官对所观察的图像信息进行识别和理解的因素；另一种是从数学角度，图像噪声是将图像信息退化的比例系数。其主要来源分为两大类：

（1）图像获取过程中　图像传感器在采集图像过程中受传感器材料属性、工作环境、电子元器件和电路结构等影响，会引入各种噪声，如电阻引起的热噪声、场效应管的沟道热噪声、光子噪声、暗电流噪声、光响应非均匀性噪声。

（2）图像信号传输过程中　由于传输介质和记录设备等的不完善，数字图像在其传输记录过程中往往会受到多种噪声的污染。另外，在图像处理的某些环节中，当输入的图像并

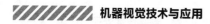
不及预期时，也会在结果图像中引入噪声。

2. 图像噪声的分类

（1）外部噪声和内部噪声　根据噪声产生的原因可分为外部噪声和内部噪声。外部噪声是指外部干扰引起的噪声，例如，外部电气设备产生的电磁波等。内部噪声是指系统内部设备、器件、电路等引起的噪声，如热噪声、散粒噪声等。

（2）加性噪声和乘性噪声　根据噪声与图像的依存关系，可以将噪声区分为加性噪声和乘性噪声两种类型，如图 3-56 所示。

a) 加性噪声　　　　　　　　　　　b) 乘性噪声

图 3-56　加性噪声和乘性噪声图像

令 $g(x,y)$ 为受噪声污染图像信号，$f(x,y)$ 为原始图像信号，$n(x,y)$ 为噪声信号，则受加性噪声污染的图像退化模型为

$$g(x,y)=f(x,y)+n(x,y) \tag{3-6}$$

加性噪声形成的波形是信号和噪声的叠加，其特点是噪声是独立存在的，与信号无关，例如，一般的电子线性放大器的噪声就属于加性噪声。

受乘性噪声污染的图像退化模型为

$$g(x,y)=f(x,y)+f(x,y)\times n(x,y) \tag{3-7}$$

其输出是两部分的叠加，第二个噪声项信号受 $f(x,y)$ 的影响，$f(x,y)$ 越大，则第二项越大，即噪声项受信号的调制。比较常见的乘性噪声是颗粒噪声（也称为斑点噪声），这种噪声多见于超声图像或 SAR（合成孔径雷达）图像中。

（3）高斯噪声、泊松噪声、椒盐噪声、均匀噪声、伽马噪声和瑞丽噪声　根据噪声的统计学分布规律又可以分为高斯噪声、泊松噪声、椒盐噪声、均匀噪声、伽马噪声和瑞丽噪声六大类。图像噪声本身的灰度可看作随机变量，其分布可用概率密度函数来描述。令 z 表示灰度值，$p(z)$ 表示噪声的概率密度函数，下面给出所提及的六种常见噪声分布形式。

1）高斯噪声。这种噪声主要来源于电子电路噪声和低照明度或高温带来的传感器噪声，也称为正态噪声，是在实践中经常用到的噪声模型。成像系统的各种不稳定因素也往往以高斯噪声的形式表现出来。高斯噪声的概率密度函数公式为

$$p(z)=\frac{1}{\sqrt{2\pi}\,\sigma}e^{-(z-\mu)^2/(2\sigma^2)} \tag{3-8}$$

式中，μ 表示 z 的平均值或期望值，σ 表示 z 的标准差。

2）泊松噪声。泊松噪声是由于光具有量子效应，到达光电检测器表面的量子数目存在统计涨落，因此图像监测具有颗粒性，这种颗粒性造成了图像对比度的变小和对图像细节信息的遮盖，这种因光量子而造成的测量不确定性称为图像的泊松噪声。泊松噪声的概率密度函数公式为

$$p(z=k)=\frac{\lambda^k e^{-\lambda}}{k!}, k=0,1,2,\cdots \tag{3-9}$$

式中，λ 表示 z 的平均值。

3）椒盐噪声。椒盐噪声又称双极脉冲，是指图像中出现的噪声只有两种灰度值，分别为 a 和 b，这两种灰度值的出现频率分别为 P_a 和 P_b，椒盐噪声的概率密度函数公式为

$$p(z)=\begin{cases} P_a, & z=a \\ P_b, & z=b \\ 1-P_a-P_b, & 其他 \end{cases} \tag{3-10}$$

其中，当 $b>a$ 时，在图像中呈现出一个亮点；当 $b<a$ 时，在图像中呈现出一个黑点，当 P_a 或 P_b 为零时，脉冲噪声称为单极脉冲。

4）均匀噪声。均匀噪声的概率密度函数公式为

$$p(z)=\begin{cases} \dfrac{1}{b-a}, & a\leqslant z\leqslant b \\ 0, & 其他 \end{cases} \tag{3-11}$$

均匀噪声的期望和方差分别为

$$\bar{z}=\frac{a+b}{2} \tag{3-12}$$

$$\sigma^2=\frac{(b-a)^2}{12} \tag{3-13}$$

5）伽马噪声。伽马噪声的概率密度函数公式为

$$p(z)=\begin{cases} \dfrac{a^b z^{b-1}}{(b-1)!}e^{-az}, & z\geqslant 0 \\ 0, & z<0 \end{cases} \tag{3-14}$$

式中，$a>0$，b 为正整数。伽马噪声的均值和方差为

$$\mu=\frac{b}{a} \qquad \sigma^2=\frac{b}{a^2} \tag{3-15}$$

6）瑞丽噪声。瑞丽噪声一般由信道不理想引起，其概率密度函数公式为

$$p(z)=\begin{cases} \dfrac{2}{b}(z-a)e^{-(z-a)^2/b}, & z\geqslant a \\ 0, & z<a \end{cases} \tag{3-16}$$

瑞丽噪声的均值和方差分别为

$$\bar{z}=a+\sqrt{\pi b/4} \tag{3-17}$$

$$\sigma^2=\frac{b(4-\pi)}{4} \tag{3-18}$$

以上六种噪声在图像中的形式各不相同，具体如图 3-57 所示。

图 3-57　六种类型的噪声图像

3.4.2　空域滤波基础

比较常见的用于去噪的空域滤波方法主要有均值或加权均值滤波，中值或加权中值滤波，最小均方差滤波和均值的多次迭代滤波等。通过对图像中每个像素为中心的邻域进行一系列运算，然后用得到的结果替代原来的像素值。空域滤波除了可以对图像进行去噪，还能通过设计合理的滤波器从图像中提取特征，如点特征、线特征或边缘特征，或者对图像进行细节增强，例如，图像的边缘锐化等目的。如果对图像像素执行的运算是线性的则称为线性空域滤波，否则为非线性空域滤波。

1. 线性空域滤波原理

线性空域滤波器在图像和滤波器核之间执行乘积之和运算。与其相关的基本术语如下。

1）模板：又称为窗口或滤波器核，或简称核，常用矩阵 $N×M$（N、M 通常为奇数）表示，可以是一幅图像、一个滤波器或一个窗口，定义了参与运算的中心元素和邻域元素的相对位置及相关系数。模板的中心元素（或称原点）表示将要处理的元素，一般取模板中心点，也可以根据需要选取非中心点。

2）模板卷积（或相关）：是指模板与图像进行空间卷积（或相关）运算，如图 3-58 所示。其输出像素是输入邻域像素的线性加权和。模板中的元素称为系数、模板系数或加权系数。

空间相关的运算过程即在图像上以每步一个像素的步长来移动核的中心，并且在每个位置计算乘积之和。空间卷积的原理类似，只是把相关运算的核旋转 180°。而当核的值关于其中心对称时，相关和卷积得到的结果相同。其对应的数学表达式分别为

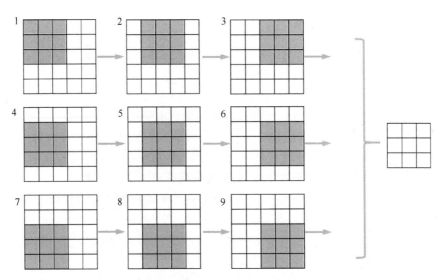

图 3-58　模板卷积（或相关）过程

相关运算 $\qquad g(x,y)=\sum\limits_{s=-a}^{a}\sum\limits_{t=-b}^{b}w(s,t)f(x-s,y-t)$ （3-19）

卷积运算 $\qquad g(x,y)=\sum\limits_{s=-a}^{a}\sum\limits_{t=-b}^{b}w(s,t)f(x+s,y+t)$ （3-20）

式中，$g(x,y)$ 表示输出图像；$f(x,y)$ 表示输入图像；$w(s,t)$ 表示核；s 和 t 表示核的行数和列数，通常情况下设置为奇数，$t=2a+1$ 且 $s=2b+1$，a 和 b 为非负整数。在线性空域滤波过程中，指的是核与图像进行的卷积运算，如图 3-59 所示。

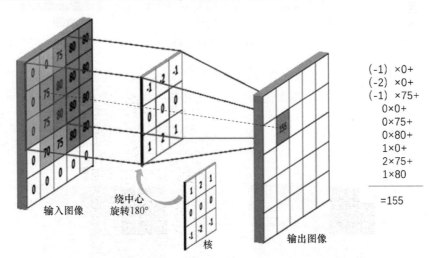

图 3-59　线性空域滤波过程

　　空间滤波器核的产生往往需要根据该滤波器支持什么样的操作来设计。如当想要将图像中的这些像素替换为以这些像素为中心的 3×3 邻域的平均灰度时，可以将图像中任意位置 (x,y) 的灰度值以 (x,y) 为中心的 3×3 邻域中的 9 个灰度值之和除以 9。令 $z_i(i=1,2,\cdots,$

9）表示这些灰度，则平均灰度为

$$R = \frac{1}{9} \sum_{i=1}^{9} z_i \qquad (3\text{-}21)$$

同时滤波核的设计需要遵循以下规则：

1）滤波核的大小通常选择奇数，例如，3×3、5×5 或 7×7。这样选择的好处是可以使滤波核以中心像素为对称中心进行卷积操作，更加均匀和准确。

2）为了保持原始图像的亮度能量守恒，滤波核的所有元素之和一般应等于 1。如果滤波核的所有元素之和大于 1，则滤波后的图像会比原图像更亮；反之，得到的图像会变暗。当和为 0 时，图像不会变黑，但会非常暗。

3）在滤波后的处理中，可能会出现负数或大于 255 的数值，此时，可以简单地将其值置为 0 或 255。

当滤波核的原点与中心重合的情况下，移动原点至图像的边界时，部分核系数可能在原图像中找不到与之对应的像素。此时常用的解决方法如下。

1）剪切模式：在图像的边界处会有 $m-1$ 行和 $n-1$ 列被裁剪，如图 3-60 所示。图像整体分辨率相比原图像会减小。

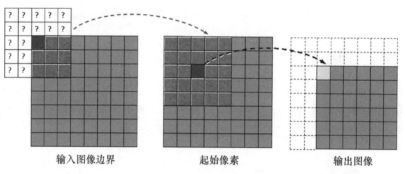

输入图像边界　　　　　　起始像素　　　　　　输出图像

图 3-60　边缘剪切模式

2）镜像反射模式：复制图像边界像素或利用非零常数来填充所要扩充的图像边界。经常采用的是将输入图像的边界处像素值映射至扩充边界，生成与输入图像相同尺寸的输出图像，如图 3-61 所示。

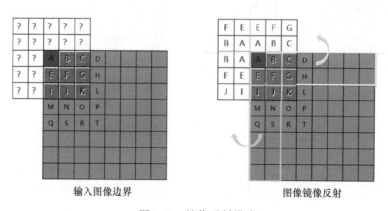

输入图像边界　　　　　　　　图像镜像反射

图 3-61　镜像反射模式

2. 非线性空域滤波原理

当信号频谱和噪声频谱重叠，或者信号中存在非线性相关的噪声（例如，系统引起的非线性噪声或非高斯噪声），线性滤波器的效果就会变差。即在信号与噪声之间存在相关性的情况下，线性滤波器无法很好地处理。而非线性滤波技术可以在某种程度上弥补线性滤波方法的不足，它通过引入非线性操作来改变信号的特性，使得滤波器能够更好地适应信号与噪声之间的相关性。非线性滤波器可以根据信号的非线性特点对信号进行处理，有效地抑制噪声或提取感兴趣的信号成分，从而改善滤波结果。

非线性空域滤波原理也是基于邻域处理，且模板滑过一幅图像的机理与线性空域滤波一样。但滤波处理取决于所考虑的邻域像素点的值，而不是式（3-20）描述的乘积求和。现有的非线性滤波方法主要有以中值滤波为代表的统计排序滤波器，它的响应基于图像滤波器包围的图像区域中像素的排序，然后由统计排序结果决定的值替代中心像素的值。以及基于数学形态学、模糊理论、遗传算法、神经网络和小波分析等的新型滤波方法。

3.4.3　空域滤波应用

在 V+平台软件中对输入图像的空域滤波处理可分为卷积 3×3 和卷积 $N×M$ 两种方式。前者的卷积核的长度和宽度为固定大小 9 个元素，且卷积核的原点位置可变化；后者的卷积核大小可自行更改但原点默认即为卷积核的中心元素。

1. "CogIPOneImageTool" 的卷积 3×3 工具

"CogIPOneImageTool" 支持对输入图像使用 3×3 大小的卷积核进行卷积运算，其设置界面如图 3-62 所示。

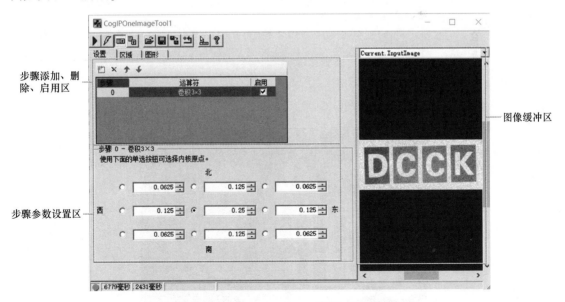

图 3-62　"CogIPOneImageTool" 卷积 3×3 设置界面

2. "CogIPOneImageTool" 的卷积 $N×M$ 工具

使用 "CogIPOneImageTool" 卷积 $N×M$ 工具可自定义卷积核的大小，并可选择不同的边界处理方式，其设置界面如图 3-63 所示，相关参数说明见表 3-5。

图 3-63 "CogIPOneImageTool" 卷积 N×M 设置界面

表 3-5 "CogIPOneImageTool" 卷积 N×M 相关参数介绍

序号	名　称	说　明
1	内核高度	卷积内核的高度方向元素个数
2	内核宽度	卷积内核的宽度方向元素个数
3	边界模式	Reflected（剪切模式）：在图像的边界处会有 $m-1$ 行和 $n-1$ 列被裁剪，图像整体分辨率相比原图像会减小 Clipped（镜像反射模式）：复制图像边界像素或利用非零常数来填充所要扩充的图像边界

3. 卷积 3×3 和卷积 N×M 的应用

1）新建解决方案并取像，如图 3-64 所示。

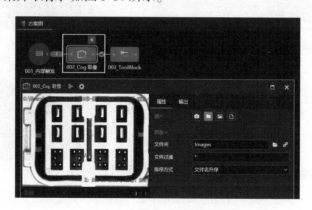

图 3-64　新建解决方案并取像

① 新建空白解决方案并保存为 "3.4-图像滤波基础-×××"。

② 添加 "内部触发" "Cog 取像" "ToolBlock" 工具并进行链接。

③ "Cog 取像" 工具：打开 "002_Cog 取像" 工具并配置其图像来源为 "文件夹 Images"，运行即可预览加载的图像。

2）双击打开 "003_ToolBlock 工具" 在 "输入" 项中单击 "添加"→将 "002_Cog 图像" 工具的输出 "Image" 作为输入项添加进来，如图 3-65 所示。

图 3-65　配置 "ToolBlock" 工具的输入

3）添加 "CogIPOneImageTool" 并配置参数，如图 3-66 所示。

① 单击图 3-66 中①处的 "显示工具箱"→添加 "Image Processing" 文件夹中的 "CogIPOneImageTool"。

② 将 "Input1" 链接至 "CogIPOneImageTool" 的 "InputImage"。

③ 将 "CogIPOneImageTool" 的 "OutputImage" 链接到 "Outputs"。

④ 重命名工具为 "CogIPOneImageTool1-卷积 3×3"。

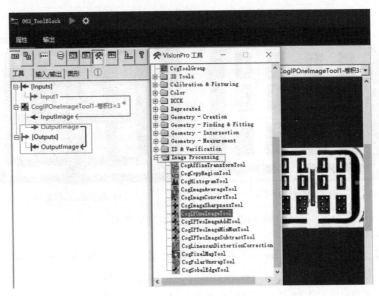

图 3-66　"CogIPOneImageTool" 添加和配置

4）单击如图 3-67 所示①处并下拉选择"卷积 3×3"即可将其添加在步骤中，②处所示即是 3×3 的卷积核，核中的每个元素都可以手动更改值的大小，当前状态下卷积核的原点在中心位置，也可以选择其他任意位置的元素作为卷积核的原点。

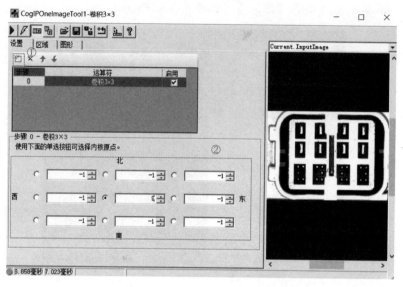

图 3-67　卷积 3×3 参数设置

5）运行解决方案即可查看不同的卷积核所处理后的图像效果，如图 3-68 所示。

−1	−1	−1
−1	9	−1
−1	−1	−1

a) 卷积核1

0	−1	0
−1	3	−1
0	−1	0

b) 卷积核2

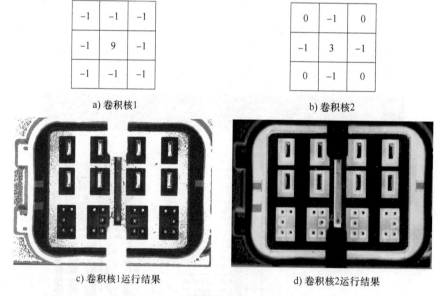

c) 卷积核1运行结果　　　　　d) 卷积核2运行结果

图 3-68　不同卷积核处理效果图

6）再添加一个"CogIPOneImageTool"，并重命名为"CogIPOneImageTool1-卷积 N×M"，链接"Input1"输入图像，并输出"OutputImage"，如图 3-69 所示。

7）单击图 3-70 中的①处并下拉选择"卷积 N×M"即可将其添加在步骤中，②处即是卷积 N×M 的参数配置区，在"内核"处可手动输入每个核元素的值，内核高度和内核宽度决定了内核总的元素个数，边界模式分为"Reflected"和"Clipped"两种类型，其对应的原理与 3.4.2 章节所涉及的镜像反射模式和剪切模式含义相同。

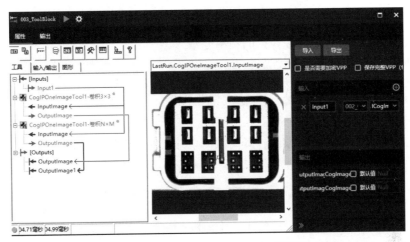

图 3-69 添加"CogIPOneImageTool1-卷积 N×M"

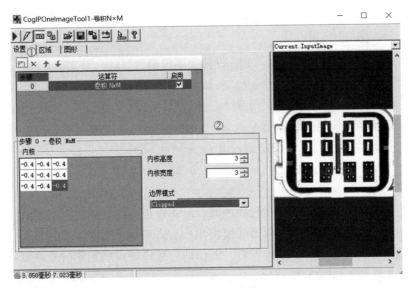

图 3-70 卷积 N×M 参数设置

当卷积 N×M 的参数配置与图 3-70 相同时，运行解决方案，分别将鼠标放置于工具栏中"CogIPOneImageTool1-卷积 N×M"的"InputImage"和"OutputImage"，可查看前后图像大小，对比可知图像的大小因选择了 Clipped 模式而缩小。

3.4.4 傅里叶变换

在数学角度，傅里叶变换可将函数转换为叠加的周期函数处理。在物理角度，傅里叶变换有着广泛的应用，如图像增强与去噪、边缘检测、特征提取和图像压缩等。其实现过程为将图像从空间域转换到频率域，将图像的灰度分布函数变换为图像的频率分布函数，而傅里叶逆变换是将图像从频率域转换到空间域，将图像的频率分布函数变换为灰度分布函数。

1. 二维连续傅里叶变换

函数 $f(x,y)$ 表示图像在点 (x,y) 的亮度，其二维傅里叶变换定义为

$$F(u,v) = \int_{-\infty}^{\infty} \int_{-\infty}^{\infty} f(x,y)\, e^{-j2\pi(ux+vy)}\, dxdy \tag{3-22}$$

式中，u,v 表示 $f(x,y)$ 的空间 (x,y) 的频率变量。

对应的傅里叶反变换定义公式为

$$f(x,y) = \int_{-\infty}^{\infty} \int_{-\infty}^{\infty} F(u,v)\, e^{j2\pi(ux+vy)}\, dudv \tag{3-23}$$

2. 二维离散傅里叶变换

对于一个 $M×N$ 大小的图像数组，其离散傅里叶变换（DFT）及反变换（IDFT）的定义分别为

$$F(u,v) = \frac{1}{MN}\sum_{x=0}^{M-1}\sum_{y=0}^{N-1} f(x,y)\, e^{-j2\pi\left(\frac{ux}{M}+\frac{vy}{N}\right)} \tag{3-24}$$

式中，$u=0,1,\cdots,M-1$；$v=0,1,\cdots,N-1$。且 u 和 v 均为频率变量，x 和 y 均为图像像素点的位置坐标。

$$f(x,y) = \frac{1}{MN}\sum_{x=0}^{M-1}\sum_{y=0}^{N-1} F(u,v)\, e^{j2\pi\left(\frac{ux}{M}+\frac{vy}{N}\right)} \tag{3-25}$$

式中，$x=0,1,\cdots,M-1$；$y=0,1,\cdots,N-1$。

根据二维离散傅里叶变换的定义可知，即使原图像函数 $f(x,y)$ 是实数矩阵，其二维离散傅里叶变换的结果通常也是复数形式。因此，一般是以计算图像函数 $f(x,y)$ 的傅里叶变换谱的方法来观察傅里叶变换的结果。令 $R(u,v)$ 和 $I(u,v)$ 表示傅里叶变换 $F(u,v)$ 的实部和虚部，则原图像函数傅里叶变换的频谱（幅度函数）、相对角和功率谱（频谱的平方）定义分别为

$$|F(u,v)| = \left[R^2(u,v)+I^2(u,v)\right]^{1/2} \tag{3-26}$$

$$\phi(u,v) = \arctan\left[I(u,v)/R(u,v)\right] \tag{3-27}$$

$$P(u,v) = |F(u,v)|^2 = R^2(u,v)+I^2(u,v) \tag{3-28}$$

一般而言，图像能量主要集中在低频区域。对图像进行二维傅里叶变换后，当变换系数矩阵的原点在左上角时，图像信号频谱能量将集中分布在系数矩阵的四个角上，亮度最亮；当变换系数矩阵的原点平移到中心位置时，图像信号频谱能量将集中分布在变换系数矩阵的中心附近，亮度最亮，如图 3-71 所示。

a) 原始图像   b) 平移前傅里叶频谱   c) 平移后傅里叶频谱

图 3-71　图像傅里叶频谱

在数字图像处理过程中，二维离散傅里叶变换具有以下性质和定理。

（1）可分离性　对于二维傅里叶变换可分解成两步进行：先对 $f(x,y)$ 按行进行傅里叶变换得到 $F(x,v)$，再对 $F(x,v)$ 按列进行傅里叶变换，得到 $f(x,y)$ 的傅里叶变换结果 $F(u,v)$，如图 3-72 所示。

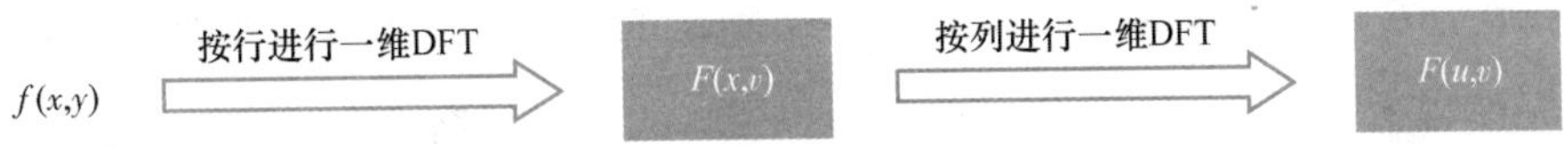

图 3-72　傅里叶变换的可分离性

（2）周期性和共轭对称性　若离散的傅里叶变换及其反变换周期为 N，则有

$$F(u,v)=F(u+N,v)=F(u,v+N)=F(u+N,v+N) \tag{3-29}$$

傅里叶变换存在共轭对称性

$$F(u,v)=F^*(-u,-v) \tag{3-30}$$

这种周期性和共轭对称性对图像的频谱分析和显示带来很大益处。

（3）卷积性　两个图像函数在空间的卷积与它们的傅里叶变换在频域的乘积构成一对变换；而两个函数在空间的乘积与它们的傅里叶变换在频域的卷积构成一对变换

$$f(x,y)\otimes g(x,y)\Leftrightarrow F(u,v)G(u,v) \tag{3-31}$$
$$f(x,y)g(x,y)\Leftrightarrow F(u,v)\otimes G(u,v) \tag{3-32}$$

频率域的两个图像函数相乘是在逐元素的基础上定义，即 F 的第一个元素乘以 G 的第一个元素，F 的第二个元素乘以 G 的第二个元素。

（4）平移定理　傅里叶变换的平移定理可表示为

$$f(x-a,y-b)\Leftrightarrow F(u,v)e^{-2j\pi(au+bv)} \tag{3-33}$$
$$F(u-c,v-d)\Leftrightarrow f(x,y)e^{2j\pi(cx+dy)} \tag{3-34}$$

式（3-33）表明将 $f(x,y)$ 在空间平移相当于把其变换在频域与一个指数相乘，式（3-34）表明将 $f(x,y)$ 与一个指数相乘相当于把其变换在频域平移。

（5）旋转定理　傅里叶变换的旋转定理反映了其对应的旋转性质。借助极坐标变换实现 $x=r\cos\theta$、$y=r\sin\theta$、$u=w\cos\phi$、$v=w\sin\phi$ 的转换。将 $f(x,y)$ 和 $F(u,v)$ 变换为 $f(r,\theta)$ 和 $F(w,\phi)$。代入傅里叶变换得到

$$f(r,\theta+\theta_0)\Leftrightarrow F(w,\phi+\theta_0) \tag{3-35}$$

式（3-35）表明，对 $f(x,y)$ 旋转对应于将其傅里叶变换 $F(u,v)$ 也旋转。类似地，对 $F(u,v)$ 旋转也对应于将其傅里叶反变换 $f(x,y)$ 旋转。

（6）尺度定理　傅里叶变换的尺度定理也称为相似定理，它给出傅里叶变换在尺度（放缩）变化时的性质，可用以下两式表示

$$af(x,y)\Leftrightarrow aF(u,v) \tag{3-36}$$
$$f(ax,by)\Leftrightarrow \frac{1}{|ab|}F\left(\frac{u}{a},\frac{v}{b}\right) \tag{3-37}$$

式（3-36）、式（3-37）表明，对 $f(x,y)$ 在幅度方面的尺度变换导致对其傅里叶变换 $F(u,v)$ 在幅度方面的对应尺度变化，而对 $f(x,y)$ 在空间尺度方面的放缩则导致对其傅里叶变换 $F(u,v)$ 在频域尺度方面的相反放缩。

3.4.5 频域滤波基础

1. 频域滤波原理

图像的滤波处理除了在空域中完成外，还能将图像数据经过小波变换或傅里叶变换后转到频域中操作。常见的频域滤波器如图 3-73 所示，主要分为频域低通滤波器和频域高通滤波器两大类。

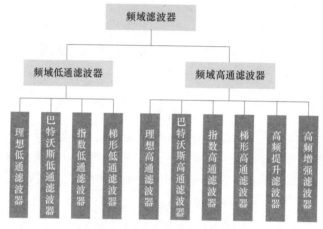

图 3-73 常见频域滤波器

空域图像中缓慢变化的灰度分量（如白色的墙壁和室外少云的天空等）在频域中表现为低频，而急剧过渡变化的灰度分量（如边缘和噪声等）在频域中表现为高频。因此，衰减高频通过低频的低通滤波器将使得图像变得模糊，具有相反性质的滤波器即高通滤波器将使得图像的细节更清晰，但会降低图像的对比度，如图 3-74 所示。

a) 原始图像 b) 理想低通滤波器 c) 理想高通滤波器

图 3-74 频域滤波效果

上述频域滤波过程如图 3-75 所示，首先对大小为 $M \times N$ 的输入图像 $f(x,y)$ 进行像素填充，并在填充后的图像基础上乘以 $(-1)^{x+y}$，使得傅里叶变换位于图像的中心；然后计算图像的离散傅里叶变换（DFT），得到 $F(u,v)$，用滤波函数（也称为"滤波器"）$H(u,v)$ 乘以 $F(u,v)$，得到处理结果 $G(u,v)$；最后进行傅里叶反变换并用其实部数据作为输出的填充图像，提取输出填充图像的左上象限 $M \times N$ 区域，即得到最终的输出图像 $g(x,y)$。频域滤波的基本滤波公式可表示为

$$G(u,v) = H(u,v)F(u,v) \tag{3-38}$$

$$g(x,y) = \text{Real}\{\mathfrak{I}^{-1}[H(u,v)F(u,v)]\} \tag{3-39}$$

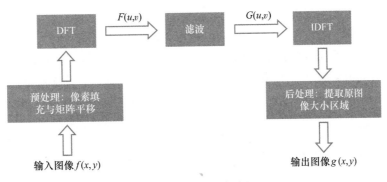

图 3-75 频域滤波过程

2. 频域滤波特点

频域滤波与空域滤波相比具有以下三个特点：

（1）计算复杂处理时间长 图像从空域变换到频域的主要实现方法是傅里叶变换，而经过频域滤波后的图像数据需经过傅里叶反变换到空域才能有效显示。优化后的傅里叶变换方法最大程度上降低了处理的复杂度和处理时间，但庞大的计算量还是会耗费较长的时间和硬件资源。

（2）图像处理效果好 空域滤波方法是在图像的原始空间中对每个像素点进行处理，而频域滤波方法则是将图像转换到频域后，根据其频域特性设计滤波器并进行滤波操作。频域滤波器的设计更加直观和合理，可以方便地设计出针对特定问题的滤波器。相比之下，空域滤波是对每个像素点进行处理，而频域滤波是对整个图像进行处理，某些在空域中难以解决的问题可以通过频域滤波得到很好的解决。

（3）系统通用性强，处理更加灵活 图像频域滤波中的滤波器可以根据图像的特点自由选择和设计。只需要获取相应的滤波器数据，并将其与转换到频域的图像数据逐点相乘，就可以获得滤波效果。不论是针对高通滤波、低通滤波还是带通滤波，所设计的频域滤波系统在导入不同的滤波器数据后，无需进行其他修改即可实现预期的滤波效果。这种特性使得频域滤波系统具有很强的移植性，适用范围广泛，并且可以方便地进行选择。

3.5 图像平滑

图像中包含了目标清晰的结构边缘和丰富的细节信息，研究表明，人类视觉系统之所以能够容易地理解图像是因为人类对图像上的主要结构边缘敏感而对纹理细节不关注。因此就有了图像平滑处理，其目的是在平滑纹理细节的同时保留图像的重要结构边缘。图像平滑技术可用于降低图像中的噪声影响或平滑因灰度级数量不足导致的图像中的伪轮廓等方面。其常用的平滑算法可分为空域平滑法、频域平滑法及局部统计法，本节将详细介绍几种空域平滑法的原理和使用方法。

3.5.1 均值滤波

1. 均值滤波基本原理

均值滤波是一种最基本的图像平滑方法，其核心思想是选择一个模板，该模板由其邻域的若干像素组成，用该邻域里所有像素灰度的平均值去替换邻域中心像素的灰度值。模板的形状可以是矩形、圆形或棱形等，一般采用矩形模板，尺寸可选 3×3、5×5 等，通常为奇数，为了使输出像素值保持在原来的灰度值范围内，模板的权值总和应维持为 1，因此，模板与图像像素的乘积要除以一个系数（通常是模板系数之和），该过程也被称为模板的归一化。

$$g(x,y) = \frac{1}{MN} \sum_{(i,j) \in S} f(i,j) \tag{3-40}$$

式中，f 是含噪声的输入图像，g 是经过邻域平均法处理后的输出图像，S 是以点 (x,y) 为中心的邻域的集合，$M \times N$ 表示模板的大小。

常用的 4 邻域和 8 邻域的模板表达方式，如图 3-76a 和图 3-76b 所示。

$$\frac{1}{5}\begin{pmatrix} 0 & 1 & 0 \\ 1 & 1 & 1 \\ 0 & 1 & 0 \end{pmatrix} \qquad \frac{1}{9}\begin{pmatrix} 1 & 1 & 1 \\ 1 & 1 & 1 \\ 1 & 1 & 1 \end{pmatrix} \qquad \frac{1}{10}\begin{pmatrix} 1 & 1 & 1 \\ 1 & 2 & 1 \\ 1 & 1 & 1 \end{pmatrix} \qquad \frac{1}{16}\begin{pmatrix} 1 & 2 & 1 \\ 2 & 4 & 2 \\ 1 & 2 & 1 \end{pmatrix}$$

a) 4 邻域模板   b) 8 邻域模板   c) 加权模板 1   d) 加权模板 2

图 3-76   邻域模板类型

为了突出某些像素的权重，可对图 3-76a 中的模板权值进行修正，从而得到加权均值滤波器模板。常用的加权均值滤波器有突出中心像素作用的，如图 3-76c 所示，也有突出中心像素和四邻域像素的，如图 3-76d 所示。

图像均值滤波作为一种线性滤波器，其算法的实现过程主要根据图像的局部特征，通过改变各点像素来达到平滑图像、降低噪声影响的效果。该算法原理简单，计算速度快，但是无法消除噪声，只能减弱，在降噪的同时会使图像变得模糊，邻域半径越大，处理后的图像边缘显得越模糊。因此，在数字图像处理时，避免选择大的模板进行滤波，通常情况下选择大小为 3×3、5×5 的模板与原图像进行卷积计算后得到平滑图像。

2. 均值滤波基本应用

在 V+ 平台软件中均值滤波的操作过程如下：

1）新建解决方案并取像，如图 3-77 所示。

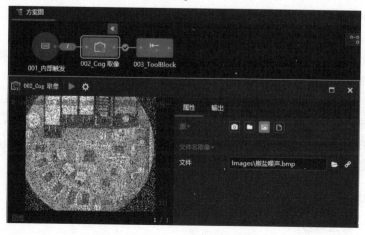

图 3-77   新建解决方案并取像

① 新建空白解决方案并保存为 "3.5-图像平滑-×××"。

② 添加 "内部触发" "Cog 取像" "ToolBlock" 工具并进行链接。

③ 配置 "Cog 取像" 工具：打开 "002_Cog 取像" 工具并配置其图像来源为 "文件"，文件名为 "Images\椒盐噪声 . bmp"，运行即可预览加载的图像。

2）"003_ToolBlock" 工具的配置，双击打开 "003_ToolBlock"，如图 3-78 所示。

① 在 "输入" 项中单击 "添加" →将 "002_Cog 图像" 工具的输出 "Image" 作为输入项添加进来。

② 添加 "CogIPOneImageTool" 工具并输入 "Input1" 图像。

③ 打开 "CogIPOneImageTool" 工具。单击①处添加 "卷积 3×3" →在②处完成 8 邻域的 3×3 模板的配置。

④ 将 "CogIPOneImageTool" 工具的输出图像拖至 "[Outputs]"。

图 3-78　8 邻域 3×3 模板设置

3）保存并运行解决方案，在图像显示区域即可观察到 8 邻域的 3×3 模板对椒盐噪声图像的处理效果，如图 3-79 所示。

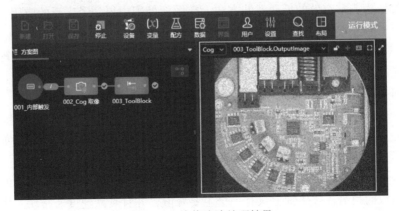

图 3-79　均值滤波处理结果

3.5.2 高斯滤波

1. 高斯滤波基本原理

高斯滤波是一种线性平滑滤波方法，是利用高斯函数的形状来选择权值。零均值的一维高斯函数为

$$G(x) = \frac{1}{2\pi\sigma^2}e^{-x^2/(2\sigma^2)} \tag{3-41}$$

式中，σ 为高斯函数的标准差，决定了高斯函数图像的宽度，图 3-80a 所示为当标准差 σ 和均值 μ 不同时对应的高斯函数曲线。高斯分布的主要特点是在均值 μ 两边的概率都很大，离之越远的概率越小，所以高斯函数用在滤波上的原理为离某个点越近的点对其产生的影响越大，所以让其权重大；越远的点产生的影响越小，所以让其权重小。在图像处理领域中，会使用零均值的二维离散高斯函数进行平滑滤波。零均值的二维高斯函数为

$$G(x, y) = \frac{1}{2\pi\sigma^2}e^{-(x^2+y^2)/(2\sigma^2)} \tag{3-42}$$

如图 3-80b 所示为当 $\mu=0$，$\sigma=5$ 时的二维高斯核函数图像。

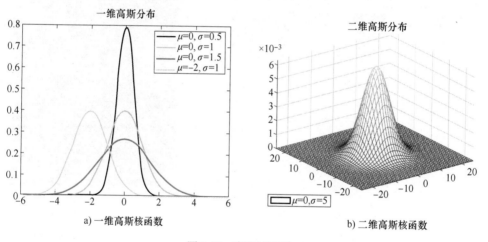

a）一维高斯核函数　　　　　　　　b）二维高斯核函数

图 3-80　高斯核函数

高斯滤波作为非常有效的低通滤波方法，在图像处理中得到了广泛的应用，其主要原因是它具有以下五种重要属性：

1）旋转对称性：二维高斯函数具有旋转对称性，这意味着高斯滤波器在每个方向的平滑程度是一样的。这对于图像处理中边缘方向未知的情况非常重要，因为它使得高斯滤波器不会偏向任何方向。

2）单值函数：高斯函数是单值函数，即通过像素邻域的加权平均来代替该点的像素值。距离中心点越远的像素点权值越小。图像的边缘本身是局部特征的一种，如果对离中心点较远的像素点依然起到明显的作用，会导致平滑后的图像失真。

3）傅立叶变换频谱是单瓣的：高斯函数经过傅立叶变换后的频谱是单瓣。单瓣性质意味着高斯函数的频谱在频率轴上只有一个主要峰值，并且衰减速度非常快。因此，高斯函数在频域中能够有效地抑制高频信号，保留低频信号，从而实现平滑图像的效果。

4）平滑程度由参数 σ 决定：高斯函数的平滑程度由参数 σ 控制。σ 越大，高斯滤波器的宽度越宽，平滑效果越好。通过调节 σ 参数，可以在过平滑和欠平滑之间取得平衡，实现所需的平滑效果。

5）可分离性：高斯函数具有可分离性，这意味着二维高斯滤波的计算可以通过两步来进行。首先将图像与一个方向的一维高斯函数进行卷积，然后再将结果与垂直于该方向的一维高斯函数进行卷积。这样可以大大减少计算量，使得大尺寸的高斯滤波器能够有效实现。在早期的图像处理中，高斯平滑滤波器在空域和频域都被广泛应用，并显示出良好的低通滤波效果。

2. 高斯采样器

高斯采样器可对输入图像进行二次采样及图像平滑处理等操作，如图 3-81 所示为高斯采样器的参数配置界面，具体的参数说明见表 3-6。

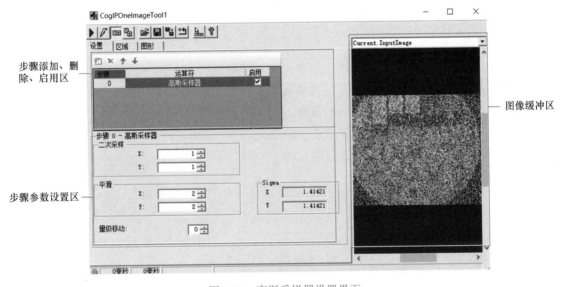

图 3-81　高斯采样器设置界面

表 3-6　高斯采样器相关参数说明

序号	名　称	说　明
1	二次采样	平滑后进行二次采样可生成具有更少像素的输出图像。X 和 Y 为采样因子，其值必须为大于或等于 1 的整数，作用是将图像的分辨率下降至原始图像的（1/X）×（1/Y）
2	平滑	平滑的 X 和 Y 即平滑值 s 在 X 和 Y 方向的取值，与其对应的 Sigma(σ)也就有了 X 和 Y 两个方向的结果，其满足式（3-43）
3	Sigma	高斯函数的标准偏差
4	量级移动	量级移动的值大于 0 时可增强图像的对比度，小于 0 时对比度会偏暗

高斯滤波在对图像进行平滑处理时，需要确定平滑值 s、高斯函数的参数 Sigma(σ)及高斯核的大小 w，三者之间满足

$$\sigma = \sqrt{\frac{s(s+2)}{2}}；w = 3s+1；s = 1,2,3\cdots \tag{3-43}$$

常用的平滑值 $s = 1,2,3,4,5$，其对应的 σ 和内核大小见表 3-7。

表 3-7 常用参数对照表

平滑值（s）	Sigma（σ）	内核大小（w）
1	0.866	4
2	1.414	7
3	1.936	10
4	2.449	13
5	2.958	16

其中平滑步数可以先使用 1 或 2 来测试平滑效果，然后逐步增大 s 直到平滑效果满足图像需求。当 $\sigma = 0.8$ 时，取整的高斯滤波器模板即为式（3-44）所示。

$$H = \frac{1}{16}\begin{pmatrix} 1 & 2 & 1 \\ 2 & 4 & 2 \\ 1 & 2 & 1 \end{pmatrix} \tag{3-44}$$

当使用式（3-44）的模板进行图像平滑时对应的处理过程如图 3-82 所示。图中左侧为原始图像，将其中尺寸为 3×3 大小的滤波模板依次在原始图像上从左往右、从上到下移动，计算并替换中心值，最终得出处理后的图像。

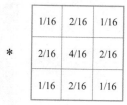

图 3-82 高斯滤波过程示意图

3. 高斯滤波基本应用

在 V+平台软件中高斯采样器的操作过程如下：

1）在解决方案"3.5-图像平滑-×××"中继续添加"内部触发""Cog取像"和"ToolBlock"工具，并链接新添加的工具。

2）打开"005_Cog 取像"工具，选择源为"文件"，文件名为"Images\高斯噪声.bmp"，运行即可预览取像结果，如图 3-83 所示。

3）"ToolBlock"工具的配置，双击打开"006_ToolBlock"，如图 3-84 所示。

① 在"输入"项中单击"添加"→将"005_Cog 图像"工具的输出"Image"作为输入项添加进来。

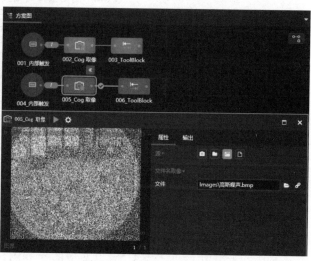

图 3-83 高斯滤波方案取像

② 添加"CogIPOneImageTool"并单击①处添加"高斯采样器"→在②处完成对应的参数配置，并输出图像。

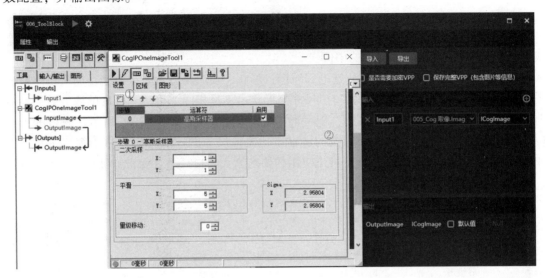

图 3-84 "006_ToolBlock"参数配置

4）保存并运行解决方案，在图像显示区域即可观察到高斯采样器对高斯噪声图像的处理效果，如图 3-85 所示。

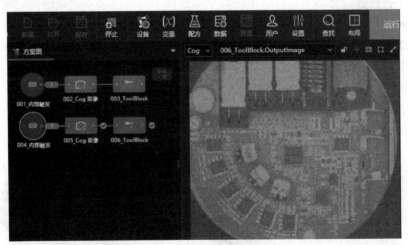

图 3-85 高斯采样器处理结果

3.5.3 中值滤波

1. 中值滤波基本原理

图像中值滤波的基本原理是首先按要处理像素点的位置选取邻域窗口，再把窗口中的像素按灰度大小进行排序，最后把排序的中值作为处理像素的输出像素值。当邻域窗口在整个图像范围内进行滑动时，中值滤波就可以对整幅图像完成滤波处理。选取区域中值的定义为将要处理的邻域窗口内像素设为数据 x_1, x_2, $\cdots$, x_n，这 n 个数据按大小顺序排列为 $x_{i1} <$

$x_{i2} < \cdots < x_{in}$，则

$$g = \mathrm{Med}\{x_1, x_2, \cdots, x_n\} = \begin{cases} x_{i((n+1)/2)}, & n \text{ 为奇数} \\ \dfrac{1}{2}\left[x_{i(n/2)} + x_{i(n/2+1)}\right], & n \text{ 为偶数} \end{cases} \qquad (3\text{-}45)$$

式中，g 为序列 x_1，x_2，$\cdots$，x_n 的中值。

对二维图像中值滤波来说，所选的邻域窗口形状、大小与滤波效果有密切的关系。根据图像内容和应用要求不同，采用的窗口尺寸与形状也不尽相同，以达到较好的滤波效果。目前应用较多的窗口形状主要有线形、十字形、方形、圆形等，如图 3-86 所示。窗口的中心位于被处理的像素点上，为保证滤波的清晰度，窗口尺寸的选取可以先从小窗口进行，例如，先用 3×3 点阵再取 5×5 点阵，可依应用的要求增大窗口尺寸，保证滤波效果满足要求。

a) 线形　　　　　　b) 十字形　　　　　　　c) 方形　　　　　　　d) 圆形

图 3-86　中值滤波窗口类型

中值滤波在实际运算中是比较方便的一种非线性滤波。它能够较好地去除图像中的椒盐噪声，同时保护图像边缘细节信息，去噪效果明显优于均值滤波，这是因为它不依靠邻域内与典型值相差较大的值。但由于其考虑的数据排序信息比较单一，未考虑输入数据的时序源信息，去噪过程中会产生边缘抖动，同时会使得某些图像细节变得模糊，因此中值滤波并不适用于某些细节多，尤其是线、尖顶等细节多的图像。

2. "中值 3×3" 和 "中值 N×M"

1) "中值 3×3" 工具和 "中值 N×M" 只能处理灰度图像，使用时无需设置参数，方便快捷，其应用界面如图 3-87 所示。

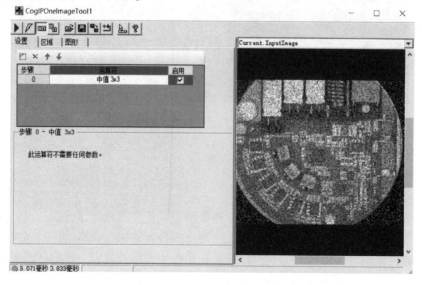

图 3-87　"中值 3×3" 设置界面

2）"中值 N×M"可自定义窗口大小及形状，其设置界面如图 3-88 所示，相关参数说明见表 3-8。

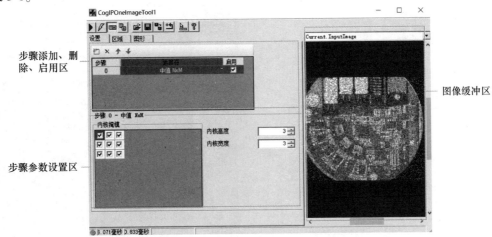

图 3-88 "中值 N×M"设置界面

表 3-8 "中值 N×M"参数说明

序号	名 称	说 明
1	内核高度	卷积内核的高度方向元素个数
2	内核宽度	卷积内核的宽度方向元素个数
3	内核掩膜	内核掩膜的行和列数由"内核高度"和"内核宽度"决定，内核掩膜的形状通过勾选的方式设置

3. 中值滤波的基本应用

在 V+平台软件中中值滤波的操作过程如下：

1）在解决方案"3.5-图像平滑-×××"中继续添加"内部触发""Cog 取像"和"Tool-Block"工具，并链接新添加的工具，如图 3-89 所示。

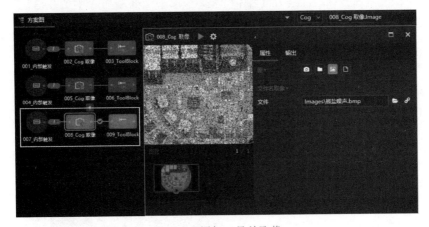

图 3-89 添加工具并取像

2）打开"008_Cog 取像"工具，选择源为"文件"，文件名为"Images\椒盐噪声.bmp"，运行即可预览取像结果，如图 3-89 所示。

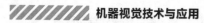
3）"009_ToolBlock"工具的配置，双击打开"009_ToolBlock"，如图3-90所示。

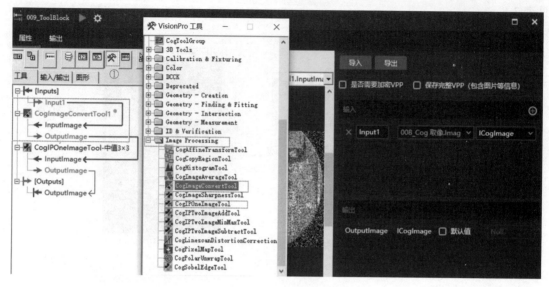

图3-90　工具添加和属性配置

① 在"输入"项中单击"添加"→"008_Cog 图像"工具的输出"Image"作为输入项添加进来。

② 单击图3-90中①处的"显示工具箱"→双击添加"Image Processing"文件夹中的"CogImageConvertTool"和"CogIPOneImageTool"，并将"CogIPOneImageTool"重命名为""CogIPOneImageTool-中值3×3"。

③ 将"Input1"链接至"CogImageConvertTool"的"InputImage"。

④ 将"CogImageConvertTool"的"OutputImage"链接到"CogIPOneImageTool"的"InputImage"。

4）双击打开"CogIPOneImageTool-中值3×3"，单击①处添加"中值3×3"，此算法不需要任何参数配置，直接运行即可，如图3-91所示。

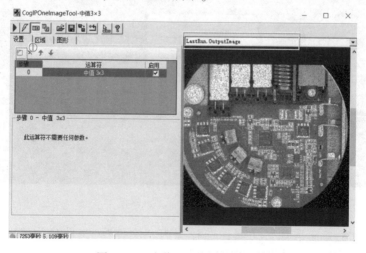

图3-91　"中值3×3"添加和运行

5）再添加一个"CogIPOneImageTool"并重命名工具为"CogIPOneImageTool1-中值 N×M"，链接"CogImageConvertTool"的"OutputImage"，并输出"OutputImage"，如图 3-92 所示。

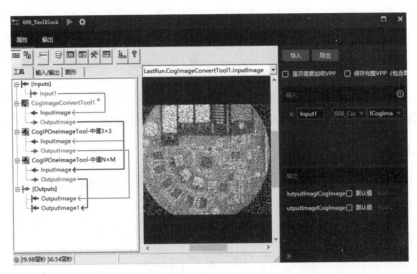

图 3-92　添加"CogIPOneImageTool1-中值 N×M"

6）双击打开"009_ToolBlock"，单击①处添加"中值 N×M"，在"内核掩膜"处可以通过勾选方框来设定中值 N×M 的窗口形状，当前为线形组合，内核高度和内核宽度可设置窗口的大小，配置完成即可运行查看输出图像效果，如图 3-93 所示。

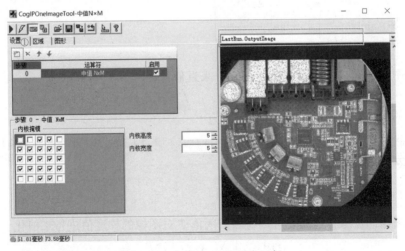

图 3-93　中值 N×M 配置和运行

3.6　图像锐化

图像锐化处理是一种常用的图像增强技术，目的是增强图像中的边缘和灰度跳变部分。在图像处理和机器视觉领域，图像锐化处理占据着重要的地位，它是底层视觉处理的关键环节之一，也是基于边缘的图像增强的基础。在图像中，边缘表示了一个特征区域的结束和另一个特征区域的开始。边缘将不同区域内部的特征或属性分隔开，而区域内部的特征或属性是一致的。图像锐化就是利用物体和背景在某种图像特征上的差异来实现的，这种差异可以是灰度、颜色或纹理特征。经过图像锐化处理后，图像的边缘在视觉上更加清晰，从而便于提取图像的边界，进行图像分割、目标区域识别、区域形状提取等操作，为图像的理解和分析奠定基础。通过图像锐化处理，能够突出图像中的细节和边缘信息，使图像更加饱满和生动。

常用的锐化方法有一阶微分方法，如 Roberts 边缘检测算子、Sobel 边缘检测算子和 Prewitt 边缘检测算子，及以拉普拉斯算子为代表的二阶微分方法。

3.6.1 梯度运算

在数字图像处理中，梯度法是一种常用的微分方法，算法的基本原理如下：

对二维连续函数 $f(x,y)$ 在点 (x,y) 处的梯度可表示为

$$G[f(x,y)] = \begin{pmatrix} f'_x \\ f'_y \end{pmatrix} = \begin{pmatrix} \dfrac{\partial f(x,y)}{\partial x} \\ \dfrac{\partial f(x,y)}{\partial y} \end{pmatrix} \tag{3-46}$$

梯度的模 $G_M[f(x,y)]$ 及在点 (x,y) 处的方向角分别为

$$\begin{cases} G_M[f(x,y)] = \text{mag}[f(x,y)] = \sqrt{f'^2_x + f'^2_y} = \sqrt{\left[\dfrac{\partial f(x,y)}{\partial x}\right]^2 + \left[\dfrac{\partial f(x,y)}{\partial y}\right]^2} \\ \theta = \arctan\left(\dfrac{f'_y}{f'_x}\right) = \arctan\left(\dfrac{\dfrac{\partial f(x,y)}{\partial y}}{\dfrac{\partial f(x,y)}{\partial x}}\right) \end{cases} \tag{3-47}$$

对数字图像 $f(x,y)$ 的导数运算常用差分来近似，即 f'_x 和 f'_y 可表示为

$$f'_x = f(x,y) - f(x+1,y) \qquad f'_y = f(x,y) - f(x,y+1) \tag{3-48}$$

则梯度的模 $G_M[f(x,y)]$ 的差分表示法为

$$G_M[f(x,y)] \approx |f'_x| + |f'_y| = |f(x,y) - f(x+1,y)| + |f(x,y) - f(x,y+1)| \tag{3-49}$$

直接差分的算子模板为

$$G_x = (1 \quad -1) \qquad G_y = \begin{pmatrix} 1 \\ -1 \end{pmatrix} \tag{3-50}$$

为提取图像的边缘，还需要选取适当的阈值 T 对图像的梯度值进行二值化，则有

$$g(x,y) = \begin{cases} A, & |\nabla f(x,y)| \geq T \\ 0, & |\nabla f(x,y)| < T \end{cases} \quad 0 < A \leq 255 \tag{3-51}$$

这样便可得到图像 $f(x,y)$ 的边缘图像 $g(x,y)$。

1. Roberts 边缘检测算子

由式（3-22）可知梯度算子是对图像水平和竖直方向求取差分，能够检测图像的水平和竖直边缘，对于斜 45°边缘检测能力较差。因此就有了 Roberts 边缘检测算子，该算子的梯度计算采用对角方向相邻两像素之差，即

$$G_x = f(x,y) - f(x+1,y+1)$$
$$G_y = f(x,y+1) - f(x+1,y) \tag{3-52}$$

为简化运算，用梯度函数的 Roberts 绝对值来近似计算梯度幅值为

$$G[f(x,y)] = |G_x| + |G_y| = |f(x,y) - f(x+1,y+1)| + |f(x+1,y) - f(x,y+1)| \tag{3-53}$$

式中，G_x 和 G_y 由下面的模板计算

$$G_x = \begin{pmatrix} 1 & 0 \\ 0 & -1 \end{pmatrix} \qquad G_y = \begin{pmatrix} 0 & -1 \\ 1 & 0 \end{pmatrix} \tag{3-54}$$

根据上面的 G_x 和 G_y 的卷积模板和式（3-53）可计算出图像的梯度幅值，再按式（3-51）对图像的梯度值进行二值化，最后得到边缘图像。

2. Sobel 边缘检测算子

Roberts 边缘检测算子的主要问题是计算方向差分时对噪声敏感。Sobel 提出一种将方向差分运算与局部平均相结合的方法，即 Sobel 边缘检测算子。该算子是在以 $f(x,y)$ 为中心的 3×3 邻域上计算 x 和 y 方向的微分，即

$$\begin{cases} f_x(x,y) = f(x-1,y+1) + 2\times f(x,y+1) + f(x+1,y+1) \\ \qquad\qquad - f(x-1,y-1) - 2\times f(x,y-1) - f(x+1,y-1) \\ f_y(x,y) = f(x+1,y-1) + 2\times f(x+1,y) + f(x+1,y+1) \\ \qquad\qquad - f(x-1,y-1) - 2\times f(x-1,y) - f(x-1,y+1) \end{cases} \tag{3-55}$$

其对应的卷积模板为

$$f_x(x,y) = \begin{pmatrix} -1 & 0 & 1 \\ -2 & 0 & 2 \\ -1 & 0 & 1 \end{pmatrix} \qquad f_y(x,y) = \begin{pmatrix} -1 & -2 & -1 \\ 0 & 0 & 0 \\ 1 & 2 & 1 \end{pmatrix} \tag{3-56}$$

Sobel 边缘检测算子引入了加权局部平均，不仅能检测图像边缘而且能进一步抑制噪声影响，但它得到的边缘较粗。Sobel 算子很容易在空间上实现，是边缘检测算子中最常用的算子之一。

3. Prewitt 边缘检测算子

Prewitt 边缘检测算子的思路与 Sobel 微分算子的思路类似，是在一个奇数大小的模板中定义其微分运算。其表达式为

$$\begin{cases} f_x(x,y) = f(x-1,y+1) + f(x,y+1) + f(x+1,y+1) \\ \qquad\qquad - f(x-1,y-1) - f(x,y-1) - f(x+1,y-1) \\ f_y(x,y) = f(x+1,y-1) + f(x+1,y) + f(x+1,y+1) \\ \qquad\qquad - f(x-1,y-1) - f(x-1,y) - f(x-1,y+1) \end{cases} \tag{3-57}$$

其对应的卷积模板为

$$f_x(x,y) = \begin{pmatrix} -1 & 0 & 1 \\ -1 & 0 & 1 \\ -1 & 0 & 1 \end{pmatrix} \qquad f_y(x,y) = \begin{pmatrix} -1 & -1 & -1 \\ 0 & 0 & 0 \\ 1 & 1 & 1 \end{pmatrix} \tag{3-58}$$

从其模板系数可以看出，Prewitt 边缘检测算子同样也是对图像先做加权平滑处理，然后再做微分运算，因此对噪声有一定的抑制能力，但不能完全排除检测结果中出现的是虚假边缘。虽然该算子边缘定位效果不错，但检测出的边缘也比较宽。

图 3-94 所示为叠加了高斯白噪声的待检测图像，同时给出了 Roberts 算子、Sobel 算子、Prewitt 算子的检测结果。

a) 高斯白噪图　　　　　　　　　　　　　　b) Roberts算子

c) Sobel算子　　　　　　　　　　　　　　d) Prewitt算子

图 3-94　叠加噪声的图像边缘检测结果

从上图可知，对于基于梯度的边缘检测算子，它们的模板都比较简单，操作方便，但是得到的边缘较粗，检测算子对噪声敏感。

与采用 2×2 模板的 Roberts 算子相比，采用 3×3 模板的 Sobel 算子和 Prewitt 算子的边缘检测效果较好并且抗噪性能更高。

3.6.2　拉普拉斯运算

一阶微分的局部最大值对应着二阶微分的零点，这意味着在图像边缘点处有一阶微分的峰值同样会有二阶微分的零交叉点，因此，通过寻找图像灰度值的二阶微分的零交叉点就能检测到图像的边缘点。这种去除一阶微分中非局部最大值的方法所检测的边缘会更加精确。

拉普拉斯算子是一种常用的二阶微分算子，其各向同性微分且自身具有旋转不变性。连续函数 $f(x,y)$ 在点 (x,y) 处的拉普拉斯算子为

$$\nabla^2 f(x,y) = \frac{\partial^2 f(x,y)}{\partial^2 x} + \frac{\partial^2 f(x,y)}{\partial^2 y} \tag{3-59}$$

离散函数 $f(x,y)$ 在点 (x,y) 处的拉普拉斯算子为

$$\nabla^2 f(x,y) = f(x+1,y) + f(x-1,y) + f(x,y+1) + f(x,y-1) - 4f(x,y) \tag{3-60}$$

式（3-60）可用图 3-95a 所示的模板表示。对角线上的像素加入到拉普拉斯变换当中，则得到的离散函数 $f(x,y)$ 的拉普拉斯算子为

$$\nabla^2 f(x,y) = f(x-1,y-1) + f(x-1,y+1) + f(x+1,y-1) + f(x+1,y+1)$$
$$+ f(x+1,y) + f(x-1,y) + f(x,y+1) + f(x,y-1) - 8f(x,y) \tag{3-61}$$

式（3-61）可用图 3-95b 所示的模板表示。图 3-95c 和图 3-95d 也是常用的拉普拉斯模板。

图 3-96a 所示为叠加了高斯白噪声的图像，图 3-96b 所示为拉普拉斯算子的检测结果。

从图 3-96 中可知，拉普拉斯算子放大了噪声对图像的影响，因此在实际应用中，采用拉普拉斯算子对图像进行锐化时通常需要先对图像进行滤波平滑处理。

0	1	0
1	-4	1
0	1	0

a)

1	1	1
1	-8	1
1	1	1

b)

0	-1	0
-1	4	-1
0	-1	0

c)

-1	-1	-1
-1	8	-1
-1	-1	-1

d)

图 3-95 拉普拉斯算子模板

a) 高斯白噪声

b) 拉普拉斯算子

图 3-96 叠加噪声的图像边缘检测结果

3.6.3 图像锐化应用

图像锐化可以对由视频信号的带限特征、信道的非线性响应以及图像放大等因素带来的边缘模糊和图像柔和进行边缘增强，突出图像的轮廓，锐化模糊的细节，为使用者提供一个更清晰的视觉效果。图像的清晰度是指图像轮廓边缘的清晰程度，即图像层次对景物质点的分辨率或细微层次质感的精细程度。分辨率越高，景物质点的分辨率或细微层次质感的精细程度越高。景物质点表现的越细致，清晰度则越高。反之，则图像越模糊。

在 3.6.1 节已经提到用一阶微分算子进行图像锐化时，首先需要进行平滑处理，减弱噪声对锐化效果的影响。在此，详细介绍在 V+平台软件中对叠加了高斯白噪声的图像的锐化过程所需要的工具及操作过程。

1. 边缘检测工具

图像中边缘的表述方式可以通过其大小（两个灰度级之间的对比度的大小）和角度（x轴与垂直于边缘的光线从灰度级低的位置开始形成的角度）来描述。图 3-97 所示为两个边角相同的三角形，箭头的长度表示边缘的大小，方向表示边缘的角度。由于左侧图像中的背景和特征之间的对比度较大，因此左侧三角形的边缘大小大于右侧三角形的边缘大小。

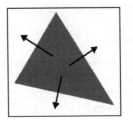
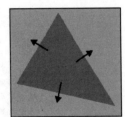

图 3-97 边缘的表示方法

在 V+平台软件中，边缘检测工具有 "CogSobelEdgeTool"，"CogSobelEdgeTool" 提供了一个图形用户界面，如图 3-98 所示。

1）为方便使用者配置边缘检测的区域和参数并直接查看工具运行的结果，该界面具备设置、区域、图形三个选项卡及图像缓冲区。

2）在图像缓冲区中会将边缘的大小和角度分别以图像的形式输出，即边缘幅值图像

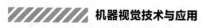

（LastRun. EdgeMagnitudeImage）和边缘角度图像（LastRun. EdgeAngleImage）。

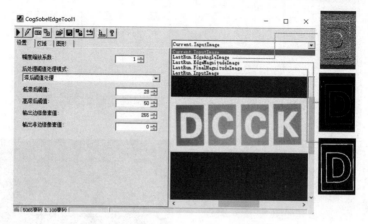

图 3-98　"CogSobelEdgeTool" 界面布局

3）"CogSobelEdgeTool" 还能生成最终幅度图像（LastRun. FinalMagnitudeImage）以反映 "后处理阈值处理模式" 的结果。如果 "后处理阈值处理模式" 为 "无"，则边缘幅值图像和最终幅度图像将相同。

在使用 "CogSobelEdgeTool" 时，常用到的参数在 "设置" 选项卡中，具体说明见表 3-9。

表 3-9　"CogSobelEdgeTool" 参数说明

序号	名称	图　片	说　明
1	设置		幅度缩放系数：设定工具的卷积模板中值的缩放比例，其取值范围为 [0.5,50] 后处理阈值处理模式：对边缘幅度图像做进一步优化处理，默认 "无"，即不做任何优化
2			后处理阈值处理模式：滞后阈值处理 低滞后阈值：边缘幅度值低于该值的所有像素会在最终幅度图像中自动设置为非边缘值 高滞后阈值：边缘幅度值大于或等于该值的所有像素将自动设置为最终幅度图像中的边缘值 输出边缘像素值：所有边缘像素均设为该灰度值 输出非边缘像素值：所有非边缘像素均设为该灰度值
3			后处理阈值处理模式：全像素峰值探测 峰值探测阈值：边缘幅度值低于此阈值的所有像素都会自动从最终幅度图像中丢弃

2. 图像锐化应用

1）新建解决方案并取像，如图 3-99 所示。

图 3-99 新建解决方案并取像

① 新建空白解决方案并保存为"3.6-图像锐化-×××"。

② 添加"内部触发""Cog 取像""ToolBlock"工具并进行链接。

③ 配置"Cog 取像"工具：打开"002_Cog 取像"工具并配置其图像来源为"文件"，文件名为"DCCK Logo.bmp"，运行即可预览加载的图像。

2）预处理工具的添加和配置，双击打开"003_ToolBlock"，如图 3-100 所示。

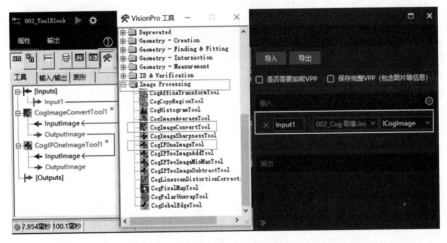

图 3-100 预处理工具添加和配置

① 在"输入"项中单击"添加"→将"002_Cog 图像"工具的输出"Image"作为输入项添加进来。

② 单击图 3-100 中①处的"显示工具箱"→添加"Image Processing"文件夹中的"Cog-ImageConvertTool"和"CogIPOneImageTool"。

③ 将"Input1"链接至"CogImageConvertTool"的"InputImage"。

④ 将"CogImageConvertTool"的"OutputImage"链接到"CogIPOneImageTool"的"In-putImage"。

3）平滑处理。图像中所添加的是高斯白噪声，因此可选择高斯滤波进行图像的平滑。

双击打开"003_ToolBlock",单击①处添加"卷积3×3",在②处的步骤中设置滤波器的值,如图3-101所示。

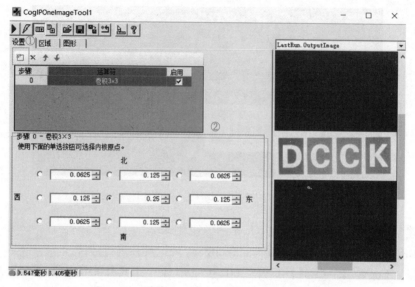

图3-101 平滑处理配置

4)锐化工具的添加,如图3-102所示。

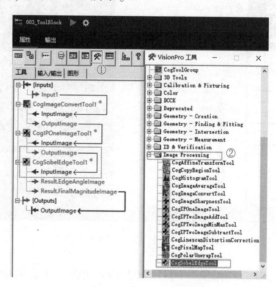

图3-102 锐化处理的工具添加

① 单击图3-102中①处的"显示工具箱"→双击添加②处的"Image Processing"文件夹中的"CogSobelEdgeTool"。

② 将"CogIPOneImageTool"的"OutputImage"链接至"CogSobelEdgeTool"的"InputImage"→将"CogSobelEdgeTool"的输出"Result. FinalMagnitudeImage"链接至"[Outputs]"并重命名为"OutputImage"。

5）锐化工具的属性配置。如图 3-103 所示为对输入图像进行锐化处理，并设定后处理阈值处理模式为"滞后阈值处理"，所需参数可自行调整。

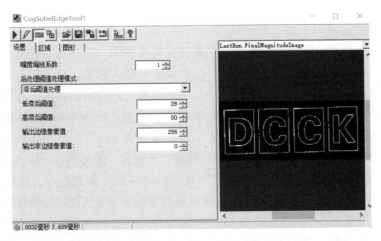

图 3-103 "CogSobelEdgeTool"配置

6）运行解决方案并查看"003_ToolBlock"的处理结果。如图 3-104 所示为经过平滑的锐化结果，相比 Sobel 算子和拉普拉斯算子直接处理的结果都有所优化。

图 3-104 最终运行效果

3.7 图像形态学操作

在前文的讲解中，已经介绍了图像采集及提取的过程中经常包含不必要的噪声，对图像重要区域内的处理产生了干扰。因此，通常需要对提取的图像区域进行形状的调整以获取期望的结果，这被定义为数学形态学领域的课题，可以被看作是一种特殊的数字图像处理方法和理论，主要以图像的形态特征为研究对象。

形态学的处理方法能够在区域和灰度值图像上被定义，基于区域的形态学处理输入的是经过值处理的二值图像区域，允许修改或描述区域的形状，这种操作可以用于连接或分离相邻区域或平滑区域的边界；基于灰度的形态学处理输入的是灰度图像，允许对图像中的灰度值进行非线性处理，取决于它们的像素邻域。

本节主要讨论灰度形态学，学习图像形态学操作的基本原理，包括腐蚀、膨胀、开运算和闭运算等。通过这些操作，可以有效地消除图像中的噪声和填充物体内部的空洞。

3.7.1 灰度形态学基础

与二值形态学相对应的另一种形态学运算是灰度形态学。与形态学区域中的二进制运算不同，形态学灰度值运算符处理包含多于一位的像素的输入图像。灰度形态学提供一组运算符，允许对图像中的灰度值进行非线性处理，主要依赖它们的像素邻域，可用于平滑或强调图像中的结构特征。灰度形态学与二值形态学相比，不仅在图像本身的空间尺寸上有变化，而且图像本身的灰度值也会发生变化。因此，灰度形态学可以看作是区域形态学的一般化。

在灰度形态学中，常见的操作包括腐蚀、膨胀、开运算、闭运算等，这些都基于数字图像处理中的操作。例如，腐蚀操作使高灰度值区域（亮色区域）面积缩小，使暗色区域面积扩张。它主要研究图像中的灰度级分布，包括灰度级的空间分布、灰度级的形状特征等。利用这些特征，可以对图像进行数学变换来实现对灰度级分布的处理和分析，提取图像中的信息，用于后续的分析和识别。膨胀操作可以增强图像中的亮点和暗点等特征，有助于目标检测和分割；腐蚀操作可以去除图像中的噪声和细节，保留图像的主要结构和形状；开运算和闭运算则是将图像进行二值化处理的重要手段，可以有效地分离出图像中的前景和背景区域。

3.7.2 腐蚀与膨胀

1. 腐蚀与膨胀的概念

（1）腐蚀　腐蚀，顾名思义是将物体的边缘（亮区）加以侵蚀。具体的操作方法是拿一个宽 M 高 N 的矩形作为模板（也称为内核或结构元），对图像中的每一个像素做如下处理：该像素位于模板的中心，根据模板的大小，遍历所有被模板覆盖的其他像素，修改该像素的值为所有像素中最小的值。结构元 b 在该像素 (x,y) 处对图像 f 的腐蚀的数学表达式为

$$[f \ominus b](x,y) = \min\{f(x+s, y+t)\} \quad (x,t) \in b \tag{3-62}$$

这样操作的结果是将图像外围的突出点加以腐蚀，操作过程如图 3-105 所示，操作原图如图 3-106a 所示，腐蚀后图像如图 3-106b 所示。

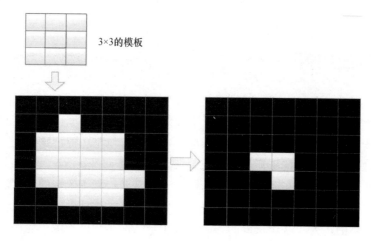

图 3-105　腐蚀操作过程

a) 原图

b) 腐蚀   c) 膨胀   d) 开运算（打开）   e) 闭运算（关闭）

图 3-106 灰度形态学常见操作

（2）膨胀　膨胀处理和腐蚀处理实现的效果相反，是将物体的边缘（亮区）加以膨胀，可以使得灰度图像中的亮区变大，暗区变小（被亮色填充）。根据结构元的大小，遍历所有被结构元覆盖的其他像素，修改该像素的值为所有像素中最大的值。结构元 b 在该像素 (x,y) 处对图像 f 的膨胀的数学表达为

$$[f \oplus b](x,y) = \max\{f(x-s,y-t)\} \quad (x,t) \in b \tag{3-63}$$

图 3-107 所示为使用 3×3 的内核做膨胀处理，与腐蚀处理的不同之处在于修改像素的值不是所有像素中最小的值，而是最大的值。这样膨胀的操作会将边缘外围突出的点向外延伸。处理完成效果图如图 3-106c 所示。

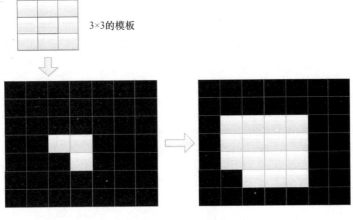

3×3的模板

图 3-107 膨胀操作过程

2. 灰度形态学处理工具

以下将介绍在 V+平台软件的"ToolBlock"工具中灰度形态学的相关工具。

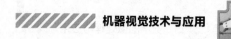
（1）"CogIPOneImageTool"的"灰度形态调整" "CogIPOneImageTool"的"灰度形态调整"支持对输入图像执行灰度形态的调整，根据其大小和方向有选择地增强或减少图像特征，其设置页面如图 3-108 所示，相关参数介绍见表 3-10。

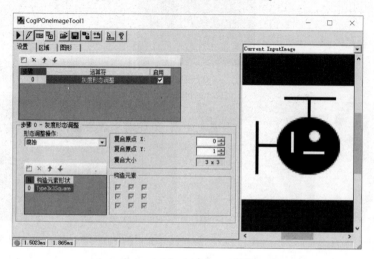

图 3-108 "灰度形态调整"设置界面

表 3-10 "灰度形态调整"设置界面部分参数说明

序号	名 称	说 明
1	形态调整操作	包含腐蚀、膨胀、打开、关闭、膨胀-腐蚀、关闭-原件、原件-打开
2	构造元素形状	即可指定形态学操作运算内核，包含"3×3 平面，方形""3×3 平面，菱形""1×3 平面，水平""1×3 平面，45 度角对角面""1×3 平面，垂直""1×3 平面，135 度角对角面""自定义"，如图 3-109 所示，可以指定单个或多个内核，则该工具将构成一个复合结构元素
3	复合原点 X、复合原点 Y	可指定复合元素的原点
4	复合大小	由"构造元素形状"决定，若由 1 个 3×3 平面构成，则内核大小为 3×3，由此内核处理完成图像的行列数各减 2；若由 2 个 3×3 平面构成，则内核大小为 5×5，由此内核处理完成图像的行列数各减 4
5	构造元素	若"结构元素形状"选择"自定义"，则此处允许进行配置

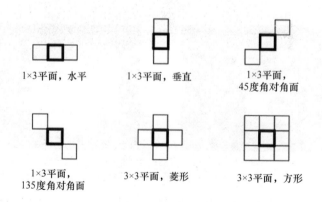

图 3-109 构造元素形状

（2）"CogIPOneImageTool"的"灰阶形态 N×M" 使用"灰阶形态 N×M"可以指定自定义值的内核，类似于在标准 3×3 元素中使用自定义结构元素，其设置界面如图 3-110 所示，相关参数介绍见表 3-11。

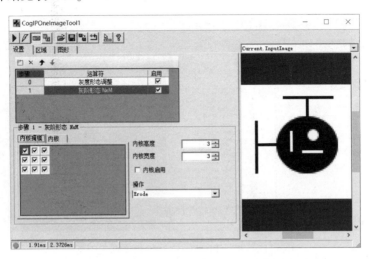

图 3-110 "灰阶形态 N×M"调整设置界面

表 3-11 "灰阶形态 N×M"调整设置界面部分参数说明

序 号	名 称	说 明
1	内核掩膜	勾选则启用该结构元素的值，例如，若启用左上角的值，则实际上仅启用 1×1 的内核，图像大小不变但整体灰度值向左上角移动，最右侧一列和最下侧一行像素全黑；若全部取消勾选，则图像全黑
2	内核	勾选"内核启用"时，可在此页面修改结构元素的值
3	内核高度、内核宽度	指定内核的高度和宽度
4	内核启用	默认不启用，启用时可在"内核"页面修改结构元素的值
5	操作	Erode（腐蚀）、Dilate（膨胀）、Open（打开）、Close（关闭）、DilateMinusErode（膨胀-腐蚀）、CloseMinusOriginal（关闭-原件）、OriginalMinusOpen（原件-打开）

3. 腐蚀和膨胀的应用

1）新建解决方案并取像，如图 3-111 所示。

① 新建空白解决方案并保存为"3.7-图像形态学操作-×××"解决方案。

② 添加"内部触发""Cog 取像""Tool-Block"工具并进行链接。

③ 配置"Cog 取像"工具：选择源为文件，文件路径为根目录下的"Images\形态学原图 . bmp"，运行该工具。

2）在"ToolBlock"内添加相关算法工具，如图 3-112 所示。

① "ToolBlock"右侧"输入"添加"Cog 取

图 3-111 新建解决方案并取像

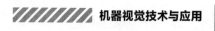

像.Image"。单击 ✂ 图标打开工具箱，添加"Image Processing"文件夹中的"CogIPOneImageTool"。

② 将"［Inputs］"的输入图像"Input1"拖至"CogIPOneImageTool"的"InputImage"，并重命名工具为"CogIPOneImageTool-腐蚀"，随后运行"ToolBlock"。

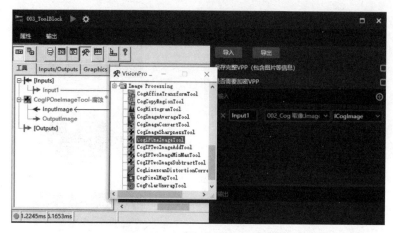

图 3-112 "ToolBlock"内添加相关算法工具

3) 打开"CogIPOneImageTool-腐蚀"，单击 图标，选中"灰度形态调整"将其添加至运算符栏中，默认操作为"腐蚀"，默认构造元素形状为"3×3 平面，方形"，如图 3-113 所示。

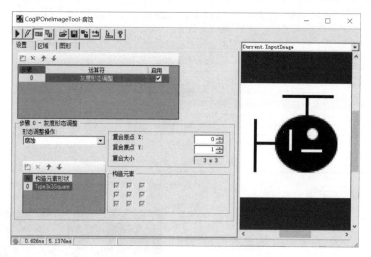

图 3-113 添加"灰度形态调整"

4) 运行工具，切换至"LastRun. OutputImage"图像缓冲区，可以查看在水平和垂直方向上，白色区域都被腐蚀的效果，即白色区域变小，黑色区域变大，如图 3-114 所示。

5) 再添加一个"CogIPOneImageTool"并重命名工具为"CogIPOneImageTool-膨胀"，链接"Input1"输入图像，如图 3-115 所示。

6) 打开"CogIPOneImageTool-膨胀"，添加"灰阶形态 N×M"，"操作"下拉选择"Dilate"（膨胀），运行并切换至"LastRun. OutputImage"图像缓冲区，可以查看在水平和垂直方向上白色区域都膨胀的效果，即白色区域变大，黑色区域变小，如图 3-116 所示。

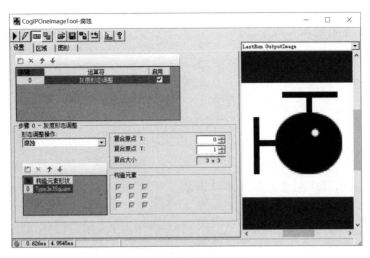

图 3-114　查看腐蚀效果

图 3-115　添加"CogIPOneImageTool-膨胀"

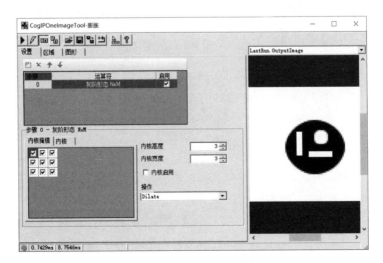

图 3-116　查看膨胀处理效果

3.7.3 开运算与闭运算

1. 开运算与闭运算的概念

（1）开运算　开运算也称为打开（Open），结构元 b 对图像 f 的开运算 $f \circ b$ 的数学表达为

$$f \circ b = [f \ominus b] \oplus b \tag{3-64}$$

从式（3-64）可以看出，开运算的操作是一个先腐蚀再膨胀的过程。先腐蚀可以消除物体的凸起，再膨胀得到了更加平滑的物体边缘轮廓，操作过程如图 3-117 所示，操作原图如图 3-106a 所示，开运算后图像如图 3-106d 所示。开运算的主要作用是可以平滑物体的轮廓，断开狭窄的沟壑，消除细长的突出物。

（2）闭运算　也称为关闭（Close），结构元 b 对图像 f 的闭运算 $f \cdot b$ 的数学表达为

$$f \cdot b = (f \oplus b) \ominus b \tag{3-65}$$

从式（3-65）可以看出，闭运算的操作与开运算相反，是一个先膨胀、再腐蚀的过程。先膨胀可以弥合狭窄的裂缝，填补细长的沟壑，消除一些小孔，然后再腐蚀，获得面积大小相差不大但填补了一些缝隙和小孔的图像，操作过程如图 3-118 所示，操作原图如图 3-106a 所示，闭运算后图像如图 3-106e 所示。

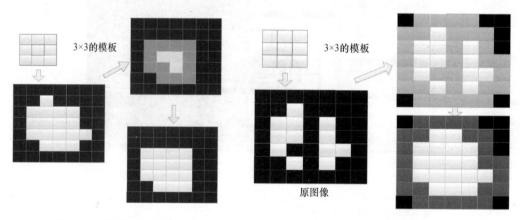

图 3-117　开运算操作过程　　　　图 3-118　闭运算操作过程

2. 开运算和闭运算的应用

开运算和闭运算的操作也可以用"CogIPOneImageTool"内的工具实现并查看效果。

1）打开"3.7-图像形态学操作-×××"解决方案，并运行程序。打开"ToolBlock"工具，添加一个"CogIPOneImageTool"并重命名工具为"CogIPOneImageTool-打开"，链接"Input1"输入图像，如图 3-119 所示。

2）打开"CogIPOneImageTool-打开"，单击 📄 图标，添加"灰度形态调整"，"形态调整操作"下拉选择"打开"，运行并切换至"LastRun. OutputImage"图像缓冲区，可以查看部分白色空洞被闭合，且黑色细长条面积大小基本不变的效果，如图 3-120 所示。

3）再添加一个"CogIPOneImageTool"并重命名工具为"CogIPOneImageTool-关闭"，链接"Input1"输入图像，如图 3-121 所示。

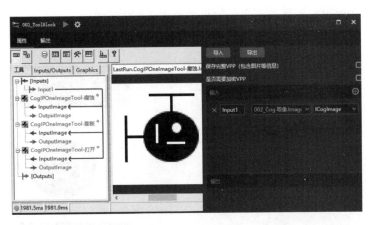

图 3-119　添加"CogIPOneImageTool-打开"

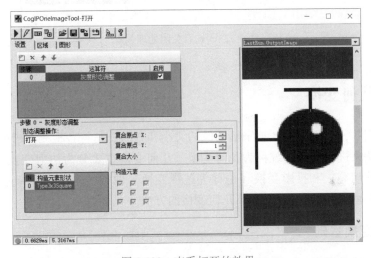

图 3-120　查看打开的效果

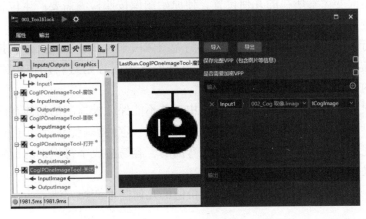

图 3-121　添加"CogIPOneImageTool-关闭"

4）打开"CogIPOneImageTool-关闭",添加"灰度形态调整","形态调整操作"下拉选择"关闭",运行并切换至"LastRun. OutputImage"图像缓冲区,可以查看部分黑色裂缝被

消除，且白色小孔面积大小基本不变的效果，如图 3-122 所示。

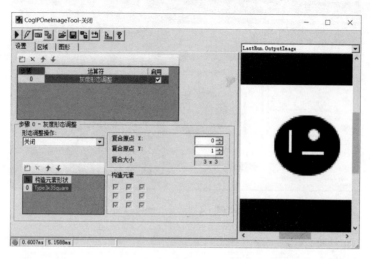

图 3-122　查看关闭处理效果

3.8　图像几何变换

在许多应用中，并不能保证被采集图像的大小和方向总是符合检测需求的，所以有时需要通过视觉算法来进行变换，统称为几何变换。几何变换主要分为仿射变换（如图像旋转、翻转、缩放、裁切等）和投影变换（也称为透视变换）两种。本节将介绍图像几何变换的基础，以及在 V+平台软件中进行图像几何变换的方法。

3.8.1　几何变换基础

图像几何变换是指将一幅图像中的坐标映射到另外一幅图像中的新坐标，它不改变图像的像素值，只是改变像素所在的几何位置，使原始图像按照检测需要产生位置、形状和大小的变化，这种变换可以通过各种数学运算来实现。

对图像进行几何变换可以在一定程度上消除图像由于角度、透视关系、拍摄等原因造成的几何失真，让计算机（模型、算法等）能更好的认识图片是进行图像识别前的数据预处理的重要工作内容。

例如，在很多机器视觉的实际项目应用中，并不能保证被检测的物体在图像的相同位置和方向，这就对被检测物体识别的效率和准确性造成一定的影响；或者，进行字符识别时字符并不总是呈现水平或垂直的方向，可能是弯曲的，容易造成字符识别的错判。这些都需要通过几何变换来获取更容易被识别的图像。

在本节中，将讨论一些不同的具有实用价值的几何图形变换方法。

3.8.2　仿射变换

1. 仿射变换的概念

有时被拍摄物体在机械装置上的位姿和旋转角度不能保持恒定，影响后续物体识别和分析，必须对物体进行平移或旋转；有时摄像机与被拍摄物体之间的距离发生变化，导致物体显示在图像中的大小尺寸不一致，需要进行图像裁切或缩放；有时产品翻转放置但仍需检测物体上的细节，需要对图像进行镜像处理等，这些情况下对图像进行的变换都属于仿射变换。仿射变换是一种二维坐标到二维坐标的线性变换，其一般数学表达形式（齐次矩阵形式）为

$$\begin{pmatrix} X \\ Y \\ 1 \end{pmatrix} = A \begin{pmatrix} x \\ y \\ 1 \end{pmatrix} = \begin{pmatrix} h_{11} & h_{12} & h_{13} \\ h_{21} & h_{22} & h_{23} \\ 0 & 0 & 1 \end{pmatrix} \begin{pmatrix} x \\ y \\ 1 \end{pmatrix} \tag{3-66}$$

式中，矩阵 A 中的元素 h_{13} 和 h_{23} 组成了平移的部分，此种附加第三个坐标的表示法叫做齐次坐标。以下将展示一些基本变换矩阵，任何 $(X, Y)^{\mathrm{T}}$ 的仿射变换都能由以下基本变换构造而来，此处省略基本变换矩阵的最后一行

$$\begin{pmatrix} 1 & 0 & t_r \\ 0 & 1 & t_c \end{pmatrix} \qquad 平移 \tag{3-67}$$

$$\begin{pmatrix} s_r & 0 & 0 \\ 0 & s_c & 0 \end{pmatrix} \qquad 行列方向缩放 \tag{3-68}$$

$$\begin{pmatrix} \cos\alpha & -\sin\alpha & 0 \\ \sin\alpha & \cos\alpha & 0 \end{pmatrix} \qquad 以角度 \alpha 旋转 \tag{3-69}$$

$$\begin{pmatrix} \cos\theta & 0 & 0 \\ \sin\theta & 1 & 0 \end{pmatrix} \qquad 以角度 \theta 将纵轴倾斜 \tag{3-70}$$

2. 仿射变换工具

以下将介绍在 V+平台软件的 "ToolBlock" 工具中仿射变换的相关工具。

（1）"CogIPOneImageTool"

1）"扩展" 运算符。"扩展" 运算符用于扩展图像 x 和 y 方向的大小，其设置界面如图 3-123 所示，其中 X 和 Y 需要设置为正整数，可分别将图像沿 x 和 y 方向放大相应数字的倍数。

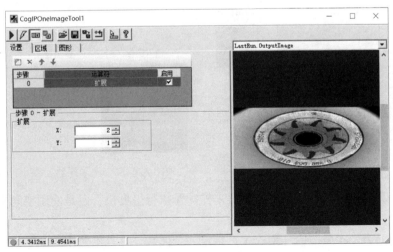

图 3-123　"CogIPOneImageTool" 的 "扩展" 设置界面

2）"二次采样器"运算符。"二次采样器"运算符用于缩小图像 x 和 y 方向的大小，使得后续视觉工具可以在缩小的图像上更快地运行，尽管缩小图像尺寸可能导致精度降低。其设置界面如图 3-124 所示，其中 X 和 Y 需要设置为正整数，可分别将图像沿 x 和 y 方向缩小相应数字的倍数。

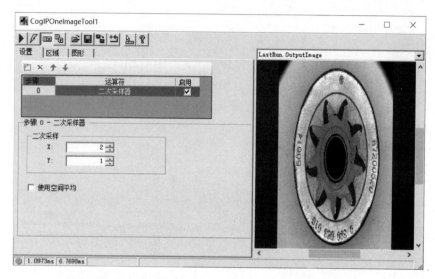

图 3-124 "CogIPOneImageTool"的"二次采样器"设置界面

"二次采样器"运算符提供了以下两种不同的算法方式：

① 不勾选"使用空间平均"。将输入图像划分为像素块，并将位于块中心的像素复制到输出图像中。如果块包含偶数行或列，则该操作将复制最靠近块中心的左上像素。如图 3-125 所示演示了使用 3×3 块进行的二次采样。

② 勾选"使用空间平均"。将输入图像划分为像素块，确定每个块中像素的平均灰度值，并将该平均值放入输出图像中。如图 3-126 所示演示了使用 2×2 块进行的空间平均二次采样。

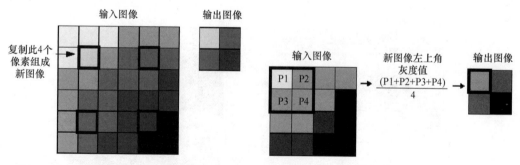

图 3-125 "二次采样器"缩小计算方式一   图 3-126 "二次采样器"缩小计算方式二

在这两种算法中，第一种算法的二次采样操作执行得更快，但是使用空间平均算法会提供更高的准确性。

注意：如果为二次采样率（X 或 Y）指定一个偶数，并且不使用空间平均，则该工具将选择采样区域中心偏上方和左侧的像素。这在采样图像中的特征位置引入了一半的像素偏移。该工具底层对这种像素偏移会通过将坐标空间移动一半像素来自动调整输出图像坐标空间树。而使用空间平均，会在整个采样区域上均匀地平均像素值，不管大小如何，在启用空间平均时不会执行这种自动调整。

3）"翻转/旋转"运算符。"翻转/旋转"运算符将对整个或部分输入图像执行水平翻转或顺时针旋转，如图 3-127 所示为将原图顺时针旋转 180 度的效果。

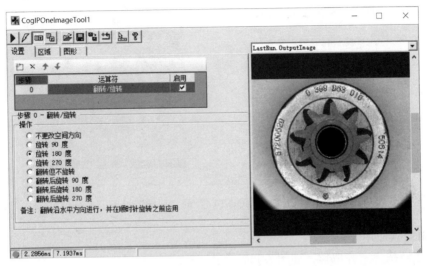

图 3-127　"CogIPOneImageTool"的"翻转/旋转"设置界面

（2）"CogCopyRegionTool"　"CogCopyRegionTool"可用于将输入图像的一部分复制到新的输出图像，或单独输出一部分裁切后的图像。

1）使用"设置"选项卡可以确定输出图像是否包含输入图像中的像素，恒定的灰度或彩色值，以及"CogCopyRegionTool"如何处理输入区域之外但在区域边界框内的像素。图 3-128 所示为默认的"设置"选项卡，通常情况下默认即可。

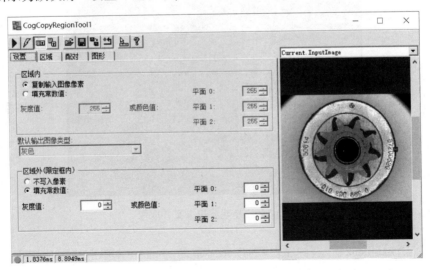

图 3-128　"CogCopyRegionTool"默认设置界面

2）常用选项卡为"区域"选项卡，可选定形状后将此区域进行输出。若为矩形区域（CogRectangle），则输出区域的长宽和矩形的大小相同；若为其他形状，则输出区域为该形状的外接矩形。图 3-129 所示为"区域形状"选择"CogCircle"（圆形）时，可在图像缓冲区"Current.InputImage"中对应输出的区域。

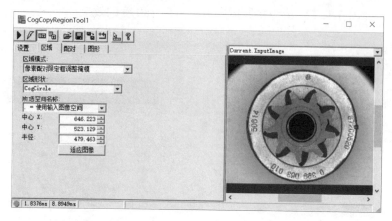

图 3-129　"CogCopyRegionTool"的"区域"选项卡界面

3. 仿射变换应用

1）新建解决方案并取像，如图 3-130 所示。

① 新建空白解决方案并保存为"3.8-图像几何变换-×××"解决方案。

② 添加"内部触发""Cog 取像""ToolBlock"工具并进行链接。

③ 配置"Cog 取像"工具：选择源为文件，文件路径为根目录下的"Images\Barcode2.bmp"，运行该工具。

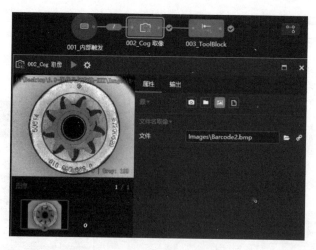

图 3-130　新建解决方案并取像

2）打开"ToolBlock"，右侧输入添加"Cog 取像.Image"。单击 🔧 图标打开工具箱，添加"Image Processing"文件夹中的"CogIPOneImageTool"。将"［Inputs］"的输入图像"Input1"拖至"CogIPOneImageTool"的"InputImage"，如图 3-131 所示。

图 3-131 "ToolBlock" 内添加相关算法工具

3）打开 "CogIPOneImageTool1"，添加 "扩展" 运算符，设置 "X" 为 "2"，运行并切换至 "LastRun. OutputImage"，可查看在 X 方向被扩展 2 倍大小的图像，如图 3-132 所示。

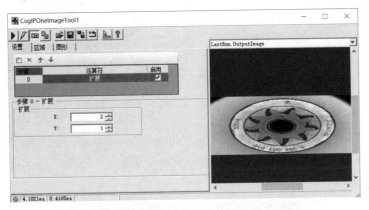

图 3-132 "CogIPOneImageTool" 扩展运行效果

4）添加 "二次采样器" 运算符，设置 "X" 为 "2"，运行并切换至 "LastRun.OutputImage"，可查看在 X 方向被缩小 2 倍的图像，如图 3-133a 所示。关闭 "CogIPOneImageTool1"，将鼠

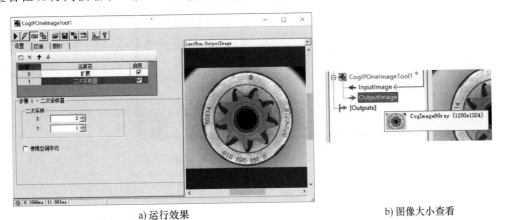

a) 运行效果   b) 图像大小查看

图 3-133 "CogIPOneImageTool" 的 "二次采样器" 运行结果

标指针移至该工具的输出"OutputImage",可查看该图片的长宽尺寸经过扩展和二次采样已经恢复为原图大小(1280×1024),如图3-133b所示。

5)打开"CogIPOneImageTool1",添加"翻转/旋转"运算符,勾选"旋转180度",运行并切换至"LastRun.OutputImage",可查看图像被旋转了180度,原本在下方的数字组合旋转到了上方,如图3-134所示。

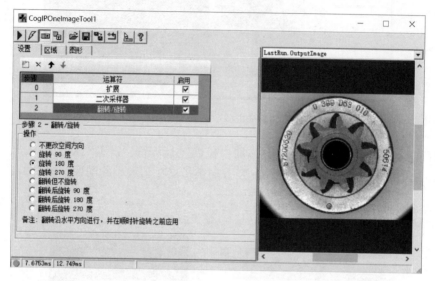

图3-134 "CogIPOneImageTool"的"翻转/旋转"运行结果

6)关闭"CogIPOneImageTool1",添加"Image Processing"文件夹中的"CogCopyRegionTool"。将"CogIPOneImageTool1"输出的"OutputImage"拖至"CogCopyRegionTool"的"InputImage"作为输入图像,如图3-135所示。

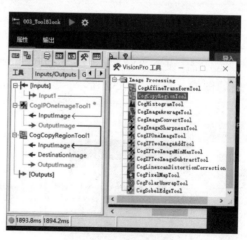

图3-135 添加"CogCopyRegionTool"

7)打开"CogCopyRegionTool",选择"区域"选项卡,"区域形状"选择"CogCircle",鼠标单击出现在图像缓冲区"Current.InputImage"的圆形,放大并将其拖至产品最外围的圆,将该产品形状裁切出来,如图3-136所示。

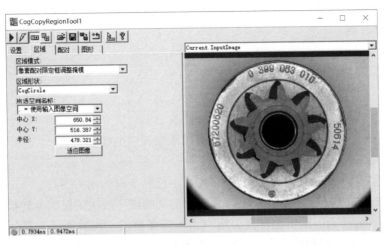

图 3-136 添加"CogCopyRegionTool"并输入图像

8）运行并切换至"LastRun. OutputImage"，可查看被裁切出的圆形区域，外接矩形与圆形相切，除被裁切出的圆形区域，其他外接矩形区域为黑色。鼠标指针移至"CogCopyRegion-Tool"的输出"OutputImage"上时，也可以查看被裁切后图像的长宽大小，如图 3-137 所示。

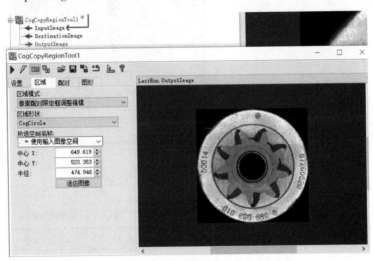

图 3-137 查看"CogCopyRegionTool"运行结果

3.8.3 投影变换

1. 投影变换的概念

仿射变换几乎能校正所有物体可能发生与位姿相关的变化，但并不能应对所有几何方向的变化，若需要将图像投影到一个新的视平面，则需要进行投影变换，通用变换公式为

$$\begin{pmatrix} X \\ Y \\ W \end{pmatrix} = \begin{pmatrix} h_{11} & h_{12} & h_{13} \\ h_{21} & h_{22} & h_{23} \\ h_{31} & h_{32} & h_{33} \end{pmatrix} \begin{pmatrix} x \\ y \\ w \end{pmatrix} \tag{3-71}$$

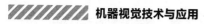
式中，$(x,y,w)^{\mathrm{T}}$ 表示原始图像坐标。特殊地，对于 2D 图像，$(x,y)^{\mathrm{T}}$ 为其原始图像坐标，变换后为 $(x',y')^{\mathrm{T}}$，则

$$\begin{cases} x'=\dfrac{X}{W}=\dfrac{h_{11}x+h_{12}X+h_{13}}{h_{31}x+h_{32}X+h_{33}} \\[3mm] y'=\dfrac{Y}{W}=\dfrac{h_{21}y+h_{22}Y+h_{23}}{h_{31}y+h_{32}Y+h_{33}} \end{cases} \tag{3-72}$$

式中，h_{31}，$h_{32}\neq0$。所以，已知几个点，就可以求取相应的变换公式。

2. 投影变换工具

以下将介绍在 V+平台软件的 ToolBlock 工具中投影变换的相关工具。

"CogPolarUnwrapTool" 工具可以将输入图像定义的圆环区域图像部分转换为矩形图像。

1) "设置"选项卡。编辑控件允许用户指定采样模式、缩放因子和要使用的区域形状类型，设置页面如图 3-138 所示，相关参数介绍见表 3-12。

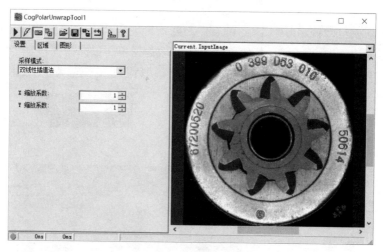

图 3-138 "CogPolarUnwrapTool"的"设置"选项卡

表 3-12 "CogPolarUnwrapTool"的"设置"选项卡相关参数说明

序号	名　称	说　明
1	采样模式	指定要在展开操作期间使用的采样模式，分为双线性插值法和最近邻采样
2	X 缩放系数	指定输出图像中 x 轴的缩放因子，该因子对应于角跨度方向
3	Y 缩放系数	指定输出图像中 y 轴的缩放因子，该因子对应于圆环半径方向

2) "区域"选项卡。搭配图像缓冲区"Current. InputImage"中的形状对图像进行截取并转换，"区域形状"可分为圆形环形截面和椭圆环形截面，"区域"选项卡界面如图 3-139 所示，其中"区域形状"的操作方式如图 3-140 所示。

3. 投影变换应用

1) 打开"3.8-图像几何变换-×××"解决方案，并运行程序。打开"ToolBlock"工具，添加一个"CogPolarUnwrapTool"，链接"CogCopyRegionTool"的"OutputImage"作为输入图像，如图 3-141 所示。

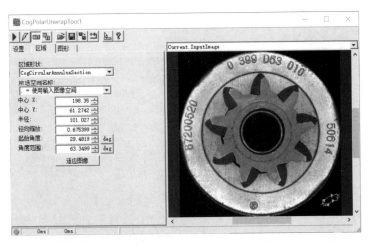

图 3-139 "CogPolarUnwrapTool"的"区域"选项卡

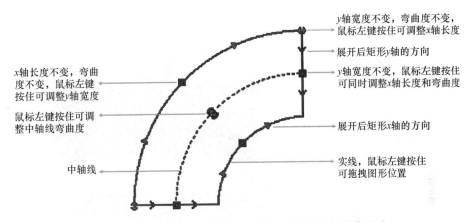

图 3-140 "CogPolarUnwrapTool"的"区域形状"操作方式

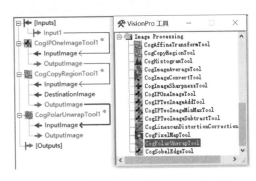

图 3-141 添加"CogPolarUnwrapTool"

2)打开"CogPolarUnwrapTool",拖拽并放大区域形状放置于产品边缘的数字组,x 轴方向从左向右,y 轴方向从上到下,如图 3-142 所示。

3)运行工具,并切换至图像缓冲区"LastRun.OutputImage",可以查看"CogPolarUnwrapTool"运行结果为矩形,如图 3-143 所示。

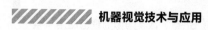
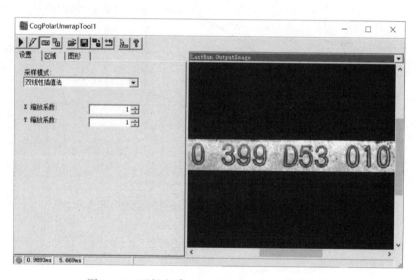

图 3-142　打开 "CogPolarUnwrapTool" 并设置区域

图 3-143　运行查看 "CogPolarUnwrapTool" 结果

本 章 小 结

本章学习了图像处理中预处理的技术和应用，可以体会到图像处理是一个典型的门槛低、厅堂深的领域。不需要太多基础，学过线性代数，有一点编程基础就可以入门；但算法却深不可测，深入学习时总觉晦涩难懂。唯有果断开工练习，才能了解图像处理，学会图像处理。

习　　题

1. 不定项选择题

（1）下列哪种处理方法可以得到对应的结果(　　　)。

原图　　　　　　处理效果图

119

A. 膨胀　　　　　　　B. 腐蚀　　　　　　C. 打开　　　　　　D. 关闭

（2）利用"CogPolarUnwrapTool"对图像进行展开的正确结果是(　　　)。

A.　　　　　　　　　　　　B.

C.　　　　　　　　　　　　D.

2. 填空题

（1）形态学操作的方法有＿＿＿＿＿＿、＿＿＿＿＿＿、＿＿＿＿＿＿、＿＿＿＿＿＿。

（2）常用的灰度变换方法有＿＿＿＿＿＿、＿＿＿＿＿＿、＿＿＿＿＿＿。

（3）灰度直方图工具可以输出图像区域中的参数值有＿＿＿＿＿＿＿＿＿＿＿＿＿＿＿

＿＿＿＿＿＿＿＿＿＿＿＿＿＿＿＿＿＿＿＿＿＿＿＿＿＿＿＿＿。（至少 5 个）

第 4 章

机器视觉识别应用

机器视觉在工业项目中应用广泛，包括但不限于生产线检测、质量控制、物料搬运、安全监控等领域。通过引入机器视觉系统，企业可以提高生产率、降低成本、提升产品质量和安全性等。未来随着技术的不断发展和完善，机器视觉将在更多领域发挥更加重要的作用，加强我国现代化产业体系的建设，打造制造强国、质量强国、数字强国。本章将重点介绍机器视觉技术在工业项目中的应用，按应用类型可分为识别、检测、测量、引导四大典型应用。

本章介绍机器视觉在工业领域中的识别应用。机器视觉可以识别产品表面的条码，用于追溯产品生产的流程进度，并显示在屏幕上；还可以识别产品表面的生产批号、生产日期等字符，用于判定印刷效果的好坏。

4.1 工业 TCP 通讯与交互

在机器视觉系统中，通常需要与各种设备进行数据传输和通讯，以实现多设备协同工作。例如，相机采集图像、传感器获取到位信息、PLC 控制机械臂动作等。通过工业 TCP 通讯协议，可以实现这些设备之间高速、可靠的数据传输和通讯，提高系统的效率和性能，满足机器视觉系统对实时性和响应速度的要求。

4.1.1 TCP 通讯与测试

1. TCP 通讯

（1）TCP 通讯的含义　TCP 通讯是一种可靠、稳定的数据传输方式，在应用时需要建立服务器和客户端之间的网络关系，即 Client-Server（C/S），如图 4-1 所示，一个服务器可以同时和多个客户端建立通讯连接。客户端负责完成与用户的交互任务，接受用户的请求，并通过网络关系向服务器提出请求，服务器负责数据的管理，当接收到客户端的请求时，将数据提交给客户端。

（2）TCP 通讯应用 TCP 通讯的主要应用场景：

1）大范围内传输数据，如远程监控、云端数据存储等。

2）高速且稳定的传输文件、网络数据等。

3）多设备之间的相互通讯。

（3）TCP 通讯工具 在 V+平台软件中建立 TCP 通讯的
工具界面如图 4-2 所示，其功能模块作用如下：

1）数据接收：V+平台软件接收和发送数据的实时显示。

2）数据发送：输入需要发送的数据。

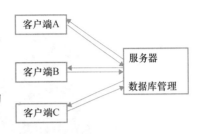

图 4-1 服务器和客户端关系示意图

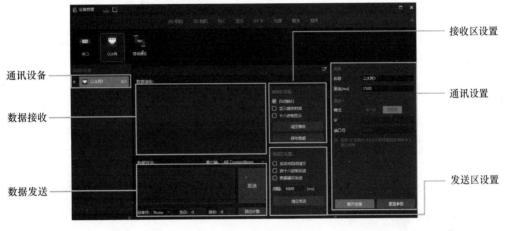

图 4-2 TCP 通讯工具界面

3）通讯设置：机器视觉系统在 TCP 通讯中可以作为客户端或服务器，属性设置详见表 4-1。

4）接收区设置：数据接收的相关设置，包括显示数据的自动换行和接收的时间，将接收的数据以十六进制显示，清空和保存接收数据。

5）发送区设置：数据发送的相关设置，包括发送完自动清空数据，以十六进制形式发送数据，循环发送数据，发送数据的时间间隔（ms），清空发送的内容。

表 4-1 通讯设置说明

名称	参数设置界面	参数及其说明
服务器		名称：自定义 TCP 通讯的名称 重连（ms）：重连间隔时间 模式：可选择客户端或者服务器，当前选择为服务器 IP：服务器 IP 地址，根据实际情况设置 端口号：服务器的端口号，根据实际情况设置 连接：参数配置完，可进行连接 重置参数：将所有参数恢复默认值 注：在进行 TCP 通讯时保证客户端和服务器 IP 地址在同一网段

121

(续)

名称	参数设置界面	参数及其说明
客户端		IP：服务器 IP 地址 端口号：服务器的端口号 本地 IP：客户端 IP 地址 本地端口：客户端的端口号 注：以上 IP 地址和端口号可根据实际通讯双方进行配置

2. 网络调试助手

在 V+平台软件中"网络调试助手"是进行 TCP 通讯的最佳调试工具，"网络调试助手"的界面如图 4-3 所示，其具体说明见表 4-2。

图 4-3　网络助手界面

表 4-2　网络助手功能说明

序号	功能组件	说　　明
1	网络设置	协议类型：UDP、TCP 服务器和 TCP 客户端。不同协议类型对应的设置内容略有不同 本地主机地址：本地主机的 IP 地址 本地主机端口：本地主机的端口号 远程主机地址：服务端的 IP 地址和端口号
2	接收区设置	对接收区的数据显示进行配置；保存或者清除已接收数据
3	发送区设置	对发送区的数据格式、发送方式等进行配置；清除发送内容
4	网络数据接收	显示调试助手接收到的数据
5	发送数据	编写发送数据

3. TCP 通讯与测试

TCP 通讯可以实现发送方和接收方同时并行地发送和接收数据，从而有效地减少数据传输的延迟，提高网络吞吐量，对于保证数据传输的可靠性、正确性和有序性等方面具有重要意义。以下介绍基于 V+平台软件进行 TCP 通讯的建立过程。

1）添加服务器。设备管理→通讯→双击或拖拽①处的"以太网"，将其添加至左侧设备栏中。在②处对"以太网 1"进行参数配置，名称："以太网 1"；模式："服务器"；IP："127.0.0.1"；端口号："3000"，单击"连接"按钮，如图 4-4 所示。

图 4-4　添加服务器

2）打开网络调试助手。选择①处的"菜单"→②处的"工具"→③处的"NetAssist"，即弹出"网络调试助手"工具，如图 4-5 所示。

图 4-5　打开网络调试助手

3）连接客户端。协议类型："TCP Client"；远程主机地址和步骤 1）保持一致，即"127.0.0.1：3000"；本地主机地址下拉选择本地主机地址。单击①处的"连接"按钮，如

图 4-6 所示。

图 4-6 连接客户端

4）通讯测试。如图 4-7 所示，方法一：在 V+平台软件"通讯"界面的①处进行数据发送，在"网络调试助手"的"网络数据接收"查看通讯结果。方法二：在"网络调试助手"的②处发送数据，在 V+平台软件"通讯"界面的"数据接收"查看通讯结果。

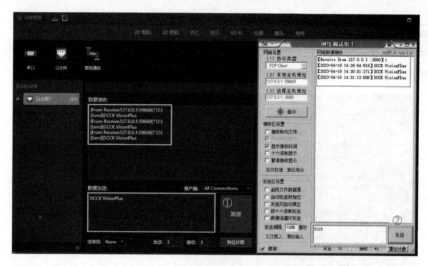

图 4-7 连接客户端通讯测试

4.1.2 数据输入、输出

1. 监听工具

监听工具主要用于监听外部通讯（TCP、串口、管道）或相机硬触发信号，监听到外部信号后触发方案的执行，同时会反馈相应的交互信号。监听工具设置说明见表 4-3。

表 4-3　监听工具设置说明

序号	参数设置界面	参数及其说明
1	005_监听　　✕　设备　以太网1　触发条件　任意数据	设备：建立通讯的方式可以是 TCP、串口等 注：当前是以太网通讯
2	手动触发 >	触发条件：任意数据，接收到任意数据都触发
3	触发条件　匹配数据　数据　T1	触发条件：匹配数据，接收到和"数据"设定内容匹配时才触发 注：当前只有接收到"T1"才会触发
4	触发条件　包含数据　数据　T1	触发条件：包含数据，接收到包含"数据"设定内容时才触发 注：当前接收内容包含"T1"即触发
5	触发条件　匹配数据头　数据头　T1　数据头尾分隔符　_	触发条件：匹配数据头，接收内容的数据头和"数据头"匹配时才触发 数据头尾分隔符：数据之间的分割符号，可自定义设置 注：当前收到"T1_123"即触发
6	手动触发 ▾　指令　None　弹窗　☐	手动触发：指令，可以模拟监听的信号；弹窗，勾选则会有弹窗提醒 注：操作方法类似于内部触发

125

2. 数据读写工具

数据读写工具实现了通讯双方的数据传送，保障了通讯的闭环运行过程。读数据和写数据工具的属性说明见表 4-4。

表 4-4　读数据和写数据工具的属性说明

名称	参数设置界面	属性参数及其说明
读数据	006_读数据　▶　回　✿　☐　✕　属性　输出　通讯　以太网1　端口　0　清空数据　False　超时(s)　2	通讯：选择已建立的通讯方式 端口：数据发送方的端口号，默认为"0"，表示读取所有端口 清空数据：读出数据后是否要清空旧数据 超时（s）：相邻两次读取操作的时间差
写数据	007_写数据　▶　回　✿　☐　✕　属性　输出　通讯　以太网1　数据　123　☐ 以 Hex 格式写入数据　结束符　CR/LF　端口 ▾　7000	通讯：选择已建立的通讯方式 数据：数据写入 结束符：可选择 CR/LF、CR、LF 等 端口：指定数据接收方的端口号，默认为"0"，表示发送给所有相通讯的端口

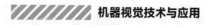

3. 数据输入、输出应用

要实现数据的输入和输出，需要在 V+解决方案中建立 TCP 通讯并添加读数据和写数据工具。

1）打开"3.8-图像几何变换-×××"解决方案并另存为"4.1.2-数据输入/输出应用-×××"。添加"监听"工具。选择"信号"→添加"监听"，链接"取像"工具，如图4-8所示。

2）配置"监听"工具。设备："以太网1"；触发条件："匹配数据头"；数据头："T1"；数据头尾分隔符："_"，如图4-9所示。

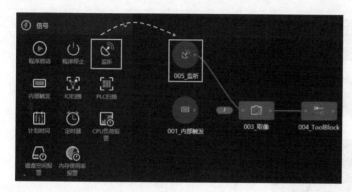

图4-8　添加"监听"工具　　　　　　图4-9　配置"监听"工具

3）添加读写数据工具。选择"通讯"→依次添加"读数据"和"写数据"，并依次链接，如图4-10所示。

4）配置"读数据"工具。通讯："以太网1"；端口："0"；清空数据："False（不清空）"；超时（s）："2"，如图4-11所示。注：如两台设备相通讯，需要填入对方端口号。

图4-10　添加读写数据工具　　　　　　图4-11　配置"读数据"工具

5）配置"写数据"工具。通讯："以太网1"；数据："123"；结束符："CR/LF"；端口："0"，如图4-12所示。注：如两台设备相通讯，需要填入对方端口号。

图4-12　配置"写数据"工具

6）读数据结果查看，如图 4-13 所示。①运行解决方案；②在"网络调试助手"端发送指令"T1_123"；③在"读数据"工具的输出列表中，数据项"Data"的值为"T1_123"，表示读数据成功。

注：此数据可被后置工具引用。

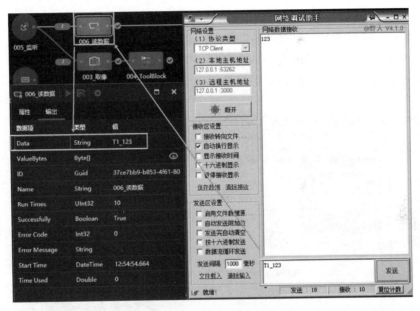

图 4-13　读数据结果查看

7）写数据结果查看，如图 4-14 所示。①运行结果方案；②在"网络调试助手"端的"数据接收"区可以看到"123"和"写数据"工具的"数据"内容一致，表示写数据成功。

图 4-14　写数据结果查看

4.2　锂电池定位

4.2.1　图像模板匹配与定位工具

1. 图像模板匹配工具（即 CogPMAlignTool）

CogPMAlignTool 提供了一个图形用户界面，该界面允许训练一个模型，然后让工具在连续的输入图像中搜索它，可以搜索到单个或多个，并获取一组或多组坐标等相关信息。其整体界面如图 4-15 所示。

视频演示

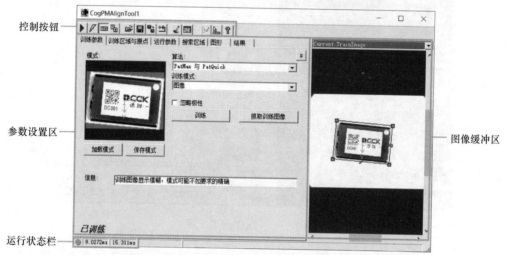

图 4-15　CogPMAlignTool 默认界面

2. 图像定位工具（即 CogFixtureTool）

CogFixtureTool 可以新建固定的坐标空间附加到图像上，并提供更新后的图像作为输出，供其他视觉算法工具使用。需要为此固定空间提供一个坐标空间名称，以及定义该坐标空间的 2D 坐标信息，以此获得 2D 转换。其整体界面如图 4-16 所示。

视频演示

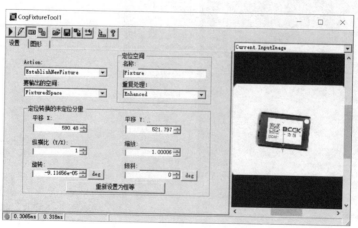

图 4-16　CogFixtureTool 默认界面

4.2.2 锂电池定位

1）新建空白解决方案，保存并命名为"第4章-机器视觉识别-×××"。添加"内部触发"和"Cog取像"工具，并相互链接，如图4-17所示。

图 4-17 新建解决方案并添加工具

2）配置"Cog取像"工具。源选择文件夹；文件夹选择本地锂电池图片所在文件夹。运行该工具并加载图像，如图4-18所示。

图 4-18 "Cog取像"工具配置

3）添加"ToolBlock"工具，并输入图像，如图4-19所示。

图 4-19 "ToolBlock"工具输入图像

4）单击"ToolBlock"中的 图标→"Image Processing"→"CogImageConvertTool"，并链接输入图像"Input1"，如图 4-20 所示。

5）添加"CogPMAlignTool"并链接转换后的图像。运行"ToolBlock"工具，所有算法运行，图像被加载到右侧图像缓冲区中。如果算法成功运行，则其右上角会显示"●"绿色圆圈；否则会显示"▫"红色方框，如图 4-21 所示。

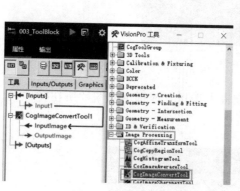

图 4-20　添加"CogImageConvertTool"

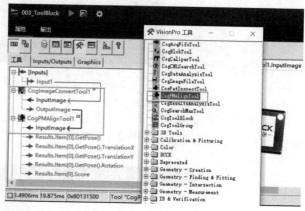

图 4-21　添加"CogPMAlignTool"

6）抓取训练图像。右侧图像缓冲区下拉切换到"Current. TrainImage"界面，在"训练参数"选项卡下单击"抓取训练图像"，此时可以看到外部图像被抓入此界面，同时左上角出现浅蓝色方框，如图 4-22 所示。

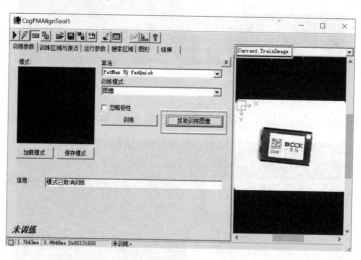

图 4-22　抓取训练图像

7）选择训练区域。选中方框，框选锂电池整体，此区域为特征匹配区域；选择"训练区域与原点"选项卡，单击"中心原点"，如图 4-23 所示。

8）设置运行参数。选择"运行参数"选项卡，单击"角度"的 ◀ 图标，将其切换为 ▶ 图标，上限、下限分别设置为"180"和"-180"，如图 4-24 所示。

9）完成训练模型。选择"训练参数"选项卡，单击"训练"按钮，再运行该算法，完成全部配置。此时左下角提示"已训练",同时页面下方显示绿色圆圈,如图 4-25 所示。

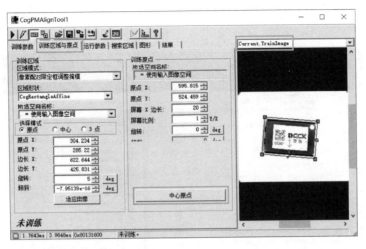

图 4-23 选择训练区域

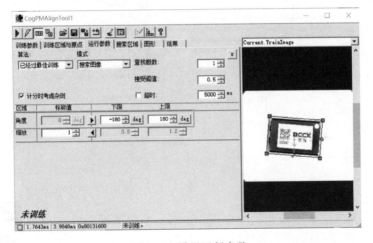

图 4-24 设置运行参数

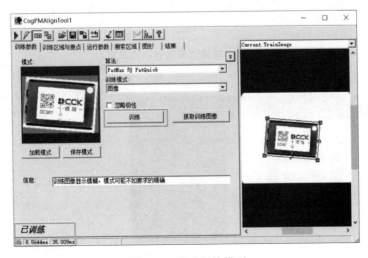

图 4-25 完成训练模型

10）添加"CogFixtureTool"。选择"Calibration&Fixturing"→"CogFixtureTool"，链接图像类型变换后的图像和"CogPMAlignTool"的中心点位，运行"ToolBlock"即可建立坐标系，如图 4-26 所示。

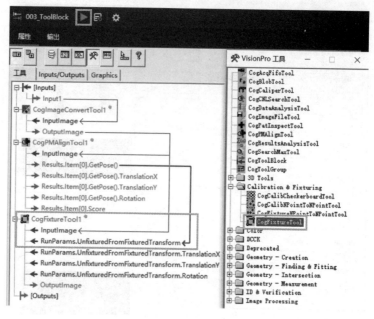

图 4-26　添加"CogFixtureTool"

4.3　结果显示

1. 结果图像工具

V+平台软件中与结果图像相关的工具为"Cog 结果图像"工具，如图 4-27 所示。该工具的作用是为了将"ToolBlock"处理后的图像效果集成在一幅图像上显示，其属性说明见表 4-5。

图 4-27　"Cog 结果图像"工具

表 4-5　结果图像工具属性说明

序号	属性设置默认界面	属性及其说明
1		结果图像创建的两种方式： 1）从工具创建 Record：即选择前置"ToolBlock"工具处理后的图像 2）直接合并 Record：汇总多个"Cog 结果图像"工具的输出图像
2		工具：选择输出结果图像的"工具块"
3		图像：选择图像处理效果所在的图像缓冲区
4		①为结果图像预览窗口

2. 图像信息显示

将"ToolBlock"工具处理后的信息显示在图像上可以实时看到产品结果数据，方便用户及时调整和优化生产过程。信息显示的方法有以下两种：

1）导入含显示脚本的 ToolBlock 程序。

① 打开"第 4 章-机器视觉识别-×××"解决方案，并另存为"4.3-结果显示-×××"。打开"ToolBlock"工具，单击"导入"，选择"4.3-结果显示 TB.vpp"，如图 4-28 所示。

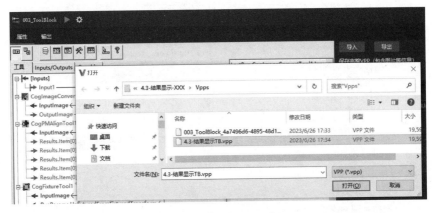

图 4-28 导入 vpp 文件

② 运行后查看图像效果为显示当前锂电池匹配分数，如图 4-29 所示。

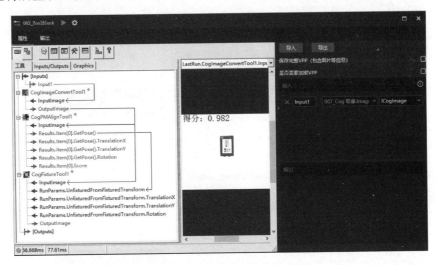

图 4-29 运行查看图像效果

2）利用 CogCreateGraphicLabelTool，此方法仅适用于 VisionPro 9.0 及以上版本。

① 单击"ToolBlock"中的✖图标→"Geometry-Creation"→"CogCreateGraphicLabelTool"→链接输入图像"Input1"，将"CogPMAlignTool1"的"Results.Item[0].Score"拖拽到"CogCreateGraphicLabelTool"的"InputDouble"，如图 4-30 所示。

② "内容"配置。选择器为"Formatted"；文本为"匹配分数：{D:F3}"，F3 表示保留小数点后 3 位；颜色：下拉选择字体颜色，如图 4-31 所示。

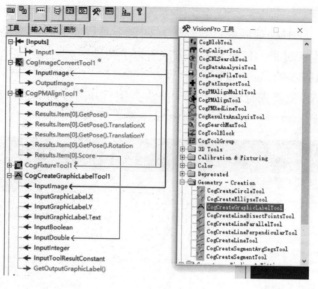

图 4-30 "ToolBlock"设置

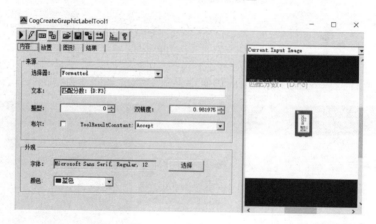

图 4-31 "内容"配置

③"放置"配置。切换至"LastRun. InputImage",运行查看效果。X、Y：以像素为单位的坐标值，如图 4-32 所示。

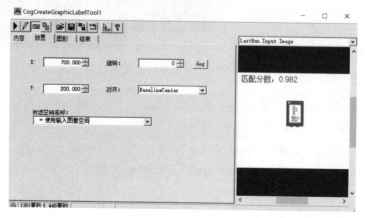

图 4-32 "放置"配置

4.4 锂电池条码识别

4.4.1 图像条码知识及其识别工具

条码是利用光电扫描阅读设备来实现数据输入的一种代码。它是由一组按一定编码规则排列的条、空符号，隐含一定的字符、数字及符号信息，用于表示物品的名称、产地、价格、种类等。"条"是指对光线反射率较低的部分，"空"是指对光线反射率较高的部分，这些条和空组成的数据表达一定的信息，通常每一种物品其编码是唯一的。

1. 一维条码

一维条码由纵向黑条和白条组成，黑白相间而且条纹的粗细也不同，通常条纹下还会有英文字母或阿拉伯数字，其组成如图 4-33 所示。

常见的一维条码类型如图 4-34 所示。

图 4-33　一维条码的组成结构

图 4-34　一维条码常见类型

2. 二维码

二维码通常为方形结构，不单由横向和纵向的条形码组成，码区内还会有多边形的图案，同样二维码的纹理也是黑白相间，粗细不同，二维码是点阵形式，常见的二维码类型如图 4-35 所示。

图 4-35　二维码常见类型

其中，工业应用和生活中最常用的二维码是"Data Matrix"和"QR Code"，其组成结构如图4-36所示。

a) Data Matrix组成结构　　　　　　　　　　b) QR Code组成结构

图4-36　Data Matrix 和 QR Code 二维码组成结构

3. 图像条码识别工具（即 CogIDTool）

视频演示

在V+平台软件中，使用CogIDTool来进行读码，其可用于定位和解码一维条码和二维码。CogIDTool可识别15种不同的符号，包括Data Matrix，Code 128，UPC／EAN和Code 39等。其默认界面如图4-37所示。

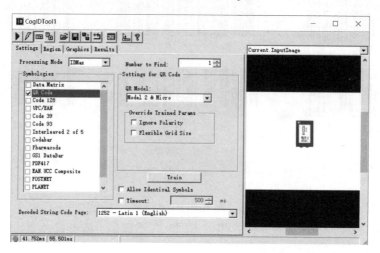

图4-37　"CogIDTool"设置选项卡界面

4.4.2　锂电池二维码识别

本节识别锂电池表面的二维码，如图4-38所示。

1）打开"第4章-机器视觉识别-×××"解决方案，打开"设备管理"→添加"以太网"→模式为"服务器"→单击"连接"，如图4-39所示。

图4-38　锂电池二维码识别

2）配置"监听"工具。取消链接"内部触发"→添加并链接"监听"→配置"监听"工具。设备："以太网1"；触发条件："匹配数据"；数据："T1"，如图4-40所示。

3）运行程序流程并打开"ToolBlock"工具。单击✖图标→打开"ID&Verification"文件夹→添加"CogIDTool"→链接图像转换后的灰度图像，如图 4-41 所示。

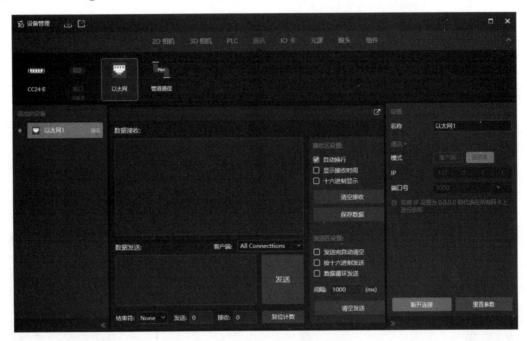

图 4-39　添加以太网

图 4-40　配置"监听"工具

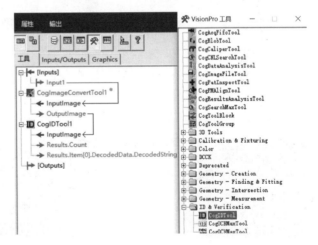

图 4-41　添加"CogIDTool"

4）查看读码结果。切换到"Settings"选项卡→勾选"QR Code"→运行算法→图像缓冲区切换至"LatRun. InputImage"→在"Results"选项卡查看当前读码结果，如图 4-42 所示。

5）输出读码结果，如图 4-43 所示。

6）添加"Cog 结果图像"工具并进行链接，其配置如图 4-44 所示，分别设置工具："ToolBlock"；图像："CogImageConvertTool1. InputImage"。工具："ToolBlock"；图像："CogImageConvertTool1. OutputImage"。

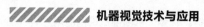

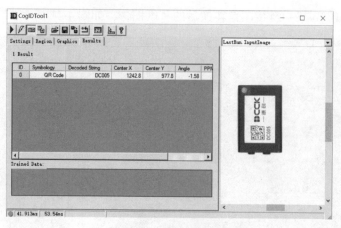

图 4-42　查看读码结果

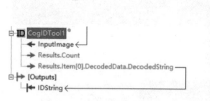

图 4-43　输出读码结果

图 4-44　"Cog 结果图像"配置

7）基础程序搭建完成，可运行程序查看锂电池定位效果。如图 4-45a 所示为红色锂电池定位和识别二维码的结果图像，如图 4-45b 所示为黑色锂电池定位和识别二维码的结果图像，放大图像，将鼠标放置于二维码处可查看识别二维码的结果。

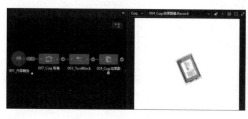

a）红色锂电池效果　　　　　　　　　　　　　　　b）黑色锂电池效果

图 4-45　锂电池二维码识别结果图像查看

4.5　锂电池字符识别

4.5.1　图像字符识别工具

本节介绍锂电池表面字符识别，如图 4-46 所示，将使用到图像字符识别工

视频演示

具（即 CogOCRMaxTool）。该工具提供了图形用户界面，可以读取 8 位灰度图像，16 位灰度图像或范围图像中的单行字符串，图像缓冲区的字符读取框结构如图 4-47 所示。其整体界面如图 4-48 所示。

图 4-46　锂电池字符识别

图 4-47　"CogOCRMaxTool" 字符读取框

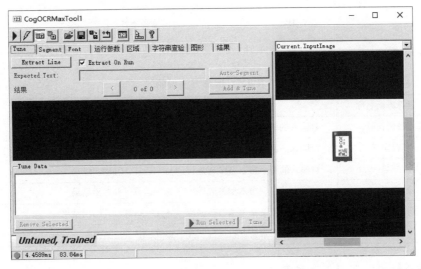

图 4-48　"CogOCRMaxTool" 调整选项卡界面

该工具支持识别的字体类型如图 4-49 所示，不支持识别的字体类型如图 4-50 所示。

ABCDE	ABCDE	ABCDE	abci	ABCiMjhW XYZ
描边字体	点矩阵字体	轮廓字体	定宽字体	比例字体

图 4-49　支持识别字符类型

A$_C^B$DEF	ADHIJWMN
字符堆叠	字符相互接触

图 4-50　不支持识别字符类型

4.5.2　逻辑运算工具

逻辑运算工具主要用于处理和分析不同结果之间的逻辑关系，实现逻辑推理和计算，如

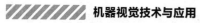

图 4-51a 所示。

1. 逻辑运算工具功能介绍

V+平台软件中的"逻辑运算"工具可选择数值比较、字符串比较、与、或、异或、非等运算方法，如图 4-51b 所示。各运算方法的详细说明见表 4-6。

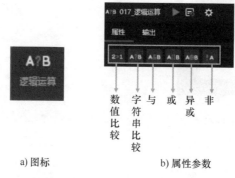

a) 图标   b) 属性参数

图 4-51 "逻辑运算"工具

表 4-6 运算方法说明

序号	运算方法名称	作　用
1	数值比较	对输入的两个数值型参数做比较运算，并输出结果
2	字符串比较	对输入的两个字符串型参数做比较运算，并输出结果
3	与	对输入的多个布尔型参数进行"与"运算，并输出结果
4	或	对输入的多个布尔型参数进行"或"运算，并输出结果
5	异或	对输入的两个布尔型参数进行"异或"运算，并输出结果
6	非	对输入的布尔型参数进行"非"运算，并输出结果

2. "逻辑运算"工具的属性参数

根据需要进行逻辑运算的数据类型来选择相应的运算方法，其属性参数见表 4-7。

表 4-7 数值比较方法属性说明

默认界面	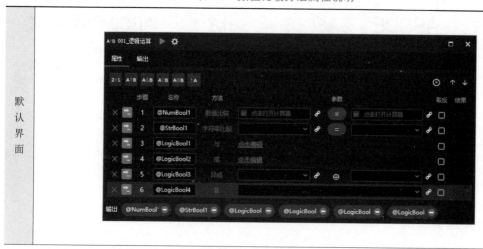

（续）

属性及其说明	步骤：该工具执行运算方法的顺序 名称：可自定义该运算方法的名称 方法：对输入参数进行逻辑运算的方法 参数：各运算方法执行所需的参数，运算方法不同对应的参数不一样。在数值比较和字符串比较方法中，单击 **=** 图标可切换比较符号，如等于、不等于、大于、小于、大于等于、小于等于等 取反：对运算方法的结果进行取反，默认不勾选 结果：该运算方法的结果显示 注：该工具默认自动输出运算方法的结果

4.5.3　锂电池字符识别

1）打开"第 4 章-机器视觉识别-×××"解决方案并运行→打开"ToolBlock"工具→单击 ✖ 图标→选择"ID&Verification"→添加"CogOCRMaxTool"→链接图像转换后的灰度图像，如图 4-52 所示。

2）"区域"配置。所选空间名称为"@ \Fixture"；图像缓冲区在"Current. InputImage"中拖动搜索区域，使搜索方向"━━━▶"和阅读方向相同，如图 4-53 所示。

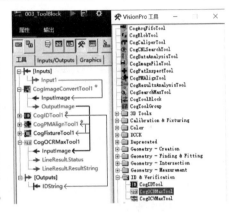

图 4-52　添加"CogOCRMaxTool"

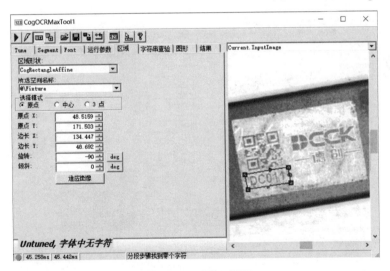

图 4-53　"区域"配置

3）"Font"配置提取字符。单击"提取字符"→在输入字符栏中输入自动分割出的字符，如"DC011"→单击"添加所有"。切换包含不同字符的图片，单击"提取字符"→选中字符库中不存在的字符进行输入→单击"添加所选项"。直至将所有不同字符都添加到字符库中，如图 4-54 所示。

注：若存在同一个字符但图像效果差异较大，也可重复添加。

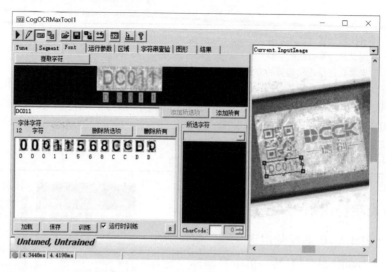

图 4-54 "Font" 配置提取字符

4)"Segment"配置。若自动分割字符时出现分割错误的情况，可单击 ✐ 图标开启电子模式。图像缓冲区切换至"LastRun.InputImage"，单击"Segment"选项卡。字符片段合并模式为"SpecifyGaps"；最小字符间空隙为"0"；字符最小宽度逐步调整到"9"。此时可以看到图像已正确分割，如图 4-55 所示。

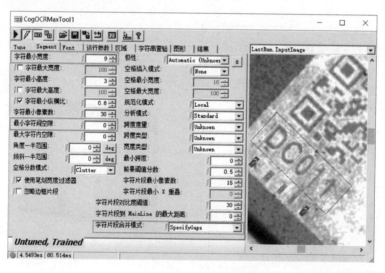

图 4-55 "Segment" 配置

5)取消电子模式，回到"Font"选项卡，重复步骤 3)，直至将所有未识别的字符都添加到字符库中，如图 4-56 所示。

6)将"CogOCRMaxTool"的"ResultString"输出至"[Outputs]"，并重命名为"OCRString"，如图 4-57 所示。

7)添加"逻辑运算"工具并进行链接，该工具用于判断识别出的条码内容是否和字符内容相同。单击 🅰🅱 图标，添加字符串比较，如图 4-58 所示，名称："@StrBool1"，参数：

"ToolBlock. IDString"＝＝"ToolBlock. OCRString"。

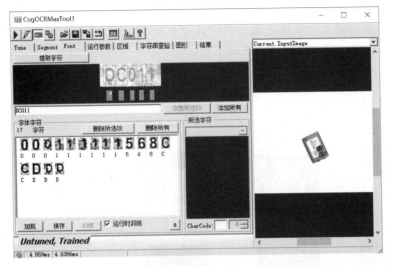

图 4-56　提取全部字符

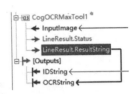

图 4-57　输出读取字符串

图 4-58　配置"逻辑运算"

8）程序运行效果如图 4-59 所示。

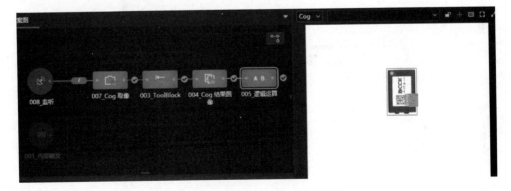

图 4-59　锂电池字符识别程序效果

注：如要将"逻辑运算"的比较结果以更直观可视化的方式展现出来，需要涉及 HMI 界面设计内容，将在本书第 5 章进行介绍，读者学习后可自行尝试完善本章节程序。

本 章 小 结

本章介绍了机器视觉在图像识别上的具体应用过程，其中包含TCP通讯与交互、锂电池的定位、表面二维码识别、字符识别以及结果图像的显示。

习 题

1. 不定项选择题

（1）下列选项中与模板极性一致的选项有（　　）。

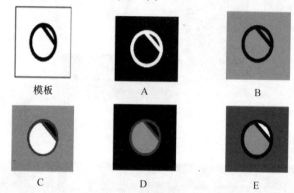

模板　　　　　　　A　　　　　　　　B

C　　　　　　　　D　　　　　　　　E

（2）在"ToolBlock"工具内的空间坐标系，"#""@"".'分别表示（　　）。

A. 像素空间、根空间、输入图像空间　　　　　B. 像素空间、输入图像空间、根空间

C. 输入图像空间、根空间、像素空间　　　　　D. 根空间、输入图像空间、像素空间

（3）CogPMAlignTool 输出的结果数据（X，Y，Angle 等）是在（　　）空间下。

A. 像素空间　　　　　　　　　　　　　　　B. 输入图像空间

C. 训练区域选取空间　　　　　　　　　　　D. 搜索区域选取空间

2. 简答题

（1）举例说明 CogPMAlignTool 可以实现的功能有哪些？

（2）简述常见的一维条码类型和二维码类型。

第 5 章

机器视觉检测应用

    机器视觉四大应用中最为广泛应用的是检测，包括但不限于颜色检测、产品外形检测、表面缺陷检测等领域。机器视觉检测摒弃了传统的人工视觉检查产品质量效率低、精度低的缺点，帮助企业更加准确地检测和分析各种产品和场景中的信息，有效提高生产率和产品质量。本章将利用锂电池工件学习颜色检测、缺陷检测以及人机交互界面的设计方法。

5.1 锂电池颜色检测

5.1.1 图像颜色检测工具

    本节共介绍和使用三个颜色检测工具：CogColorExtractorTool、CogColorMatchTool 和 CogColorSegmenterTool，它们的本质含义都是对区域内的颜色进行处理，但输出结果不相同，下面将对这三个颜色检测工具进行详细介绍。

    1. CogColorExtractorTool

    CogColorExtractorTool 可以从彩色图像中提取像素值，还可创建所选区域的灰度图像和彩色图像，可将其用作检测工具，以验证正在提取所需颜色或一组颜色的像素。其界面如图 5-1 所示。

视频演示

    2. CogColorMatchTool

    CogColorMatchTool 提供了图形用户界面，可以使用该工具检查图像中的颜色区域，并在检查的区域和参考颜色表之间生成一组匹配分数，用于确定当前运行图像的区域内的颜色名称。其颜色选项卡界面如图 5-2 所示。

视频演示

    3. CogColorSegmenterTool

    CogColorSegmenterTool 可将彩色图像分割并输出为二值化的灰度图像，可使用红、绿、蓝（RGB）或色调、饱和度、强度（HSI）的颜色空间，构建颜色范围的集合。其范围选项卡界面如图 5-3 所示。

视频演示

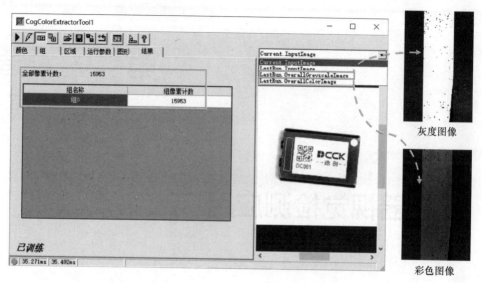

图 5-1　CogColorExtractorTool 整体界面

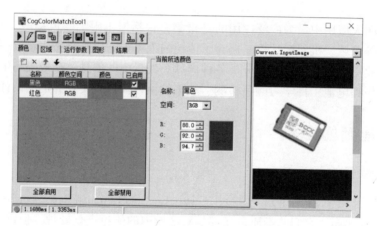

图 5-2　CogColorMatchTool 颜色选项卡界面

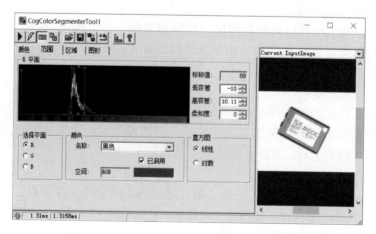

图 5-3　CogColorSegmenterTool 范围选项卡界面

5.1.2 锂电池颜色检测

锂电池颜色的检测，可利用 CogColorExtractorTool、CogColorMatchTool 和 CogColorSegmenterTool 这三个颜色工具分别来实现，根据其输出结果的不同进行判断。

1）新建解决方案，保存命名为"第 5 章-机器视觉检测-×××"，添加"内部触发""Cog 取像"工具并相互链接。配置"Cog 取像"工具，源：文件夹；文件夹：本地文件夹"颜色检测"。运行该工具并加载图像。

2）添加和链接"ToolBlock"工具，并配置。打开"ToolBlock"，添加输入图像→添加"CogImageConvertTool"并运行→分别添加"CogPMAlignTool""CogFixtureTool"，并链接转换后的灰度图像→"CogPMAlign"用于训练锂电池模板→"CogFixtureTool"用于建立锂电池本身坐标系→运行该工具。

3）利用 CogColorExtractTool 检测颜色。单击 ⚒ 图标→选择"Color"→添加"CogColorExtractTool"→输入图像"Input1"。

注意：利用 CogColorMatchTool 和 CogColorSegmenterTool 检测颜色方法类似，具体请扫描二维码查看。

4）CogColorExtractTool"区域"配置。区域形状："CogRectangleAffine"；所选空间名称："@\Fixture"；图像缓冲区："Current. InputImage"，框选锂电池前端区域。

视频演示

5）CogColorExtractTool"颜色"配置。当前为黑色电池，单击 📋 图标→名称："黑色"→区域形状："CogRectangleAffine"→所选空间名称："@\Fixture"→图像缓冲区："Current. InputImage"，同样框选锂电池前端区域→单击"接受"。

6）CogColorExtractTool 的"结果"查看。在"运行参数"选项卡下勾选"组结果"的"像素计数"→运行算法→"结果"选项卡下可查看全部像素和组像素的计数。

7）将"CogColorExtractorTool"的输出"Results. OverallResult. PixelCount"拖至"[Outputs]"，并重命名为"PixelCount"。可由该值判断该区域颜色，大于 1000 则为黑色锂电池，小于 100 则为红色锂电池。

8）添加"Cog 结果图像"工具并链接，其配置如下：

工具："ToolBlock"；图像："CogImageConvertTool1. InputImage"。

工具："ToolBlock"；图像："CogImageConvertTool1. OutputImage"。

完成并保存该解决方案。

5.2 锂电池缺陷检测

5.2.1 缺陷检测分析

本节将学习斑点工具（即 CogBlobTool），可用于缺陷检测，例如，对锂电池的缺口进行检测，并判断其型号，如图 5-4 所示。

147

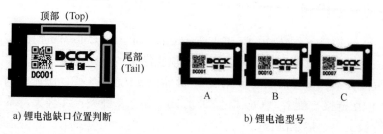

顶部（Top）

尾部
(Tail)

DC001

a）锂电池缺口位置判断

A   B   C

b）锂电池型号

图 5-4　锂电池缺陷检测图

CogBlobTool 工具用于搜索斑点，即输入图像中任意的二维封闭形状，利用图像中像素区域灰阶差异，进行图像分割。可以指定工具运行时所需的分段、连通性和形态调整参数，以及希望工具执行的属性分析，最终在结果界面上查看搜索结果，还可以查看重叠在搜索图像上的搜索结果。其默认界面如图 5-5 所示。

视频演示

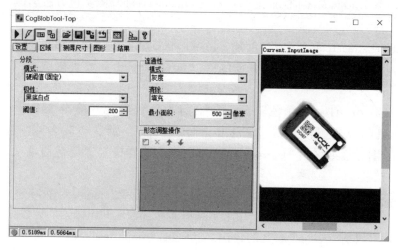

图 5-5　CogBlobTool 设置选项卡界面

5.2.2　变量管理与写变量工具

1. 变量管理

（1）变量管理的作用　用户可以将一些系统全局性的、多条程序流程共享的参数添加到变量管理中，使整个解决方案都可以调用这些变量，灵活地满足编程需求，也使得程序设计的复杂度降低，更易于维护。

用户在变量管理中可以添加、修改、删除变量，配合方案流程的"写变量"工具可以将前序工具的运行数据赋值给对应变量，从而使变量值可以在整个方案中被各个流程的工具使用。

（2）变量管理相关参数　单击方案图上方菜单栏中的▣图标，弹出"变量管理"界面，如图 5-6 所示，具体参数见表 5-1。

操作功能区　　　　　　变量设置区

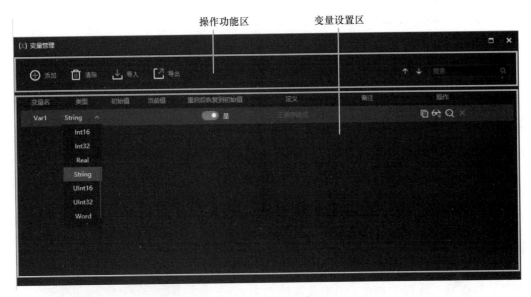

图 5-6　变量管理界面

表 5-1　变量管理参数介绍

序号	参 数 名 称	图　片	说　　明
1	添加	⊕ 添加	单击按钮可添加变量
2	清除	🗑 清除	单击按钮可清除当前所有变量
3	导入	⬇ 导入	单击按钮可导入外部变量表到变量管理中
4	导出	⬆ 导出	单击按钮可将变量管理导出到本地文件夹中
5	变量名	变量名 Var1	变量名称可被编辑
6	类型		可以存储的类型有 Boolean、Byte、Char、Double、Enum、Int16、Int32、Real、String、UInt16、UInt32、Word
7	初始值和当前值	初始值 当前值	可设置变量建立时的初始值和当前被写入的值
8	重启后恢复到初始值	重启后恢复到初始值 是	可选择是否在解决方案重启后恢复到初始值，否则保留当前值

（续）

序号	参数名称	图 片	说 明
9	定义	定义 正则表达式	部分参数需要运用表达式来定义
10	备注	备注	用于备注当前变量的含义等
11	操作	操作	可分别实现复制当前参数，添加当前参数到监视中，在解决方案中查找该参数以及删除参数的作用

2. 写变量工具

（1）写变量工具的作用　写变量工具执行后将修改指定变量的值，支持对多项变量数据批量操作。

（2）写变量工具相关参数　双击或拖拽左侧工具栏"系统"工具包中的 图标，即可将"写变量"工具添加到方案图中，其属性界面如图 5-7 所示，具体参数及操作说明见表 5-2。

图 5-7　写变量工具界面

表 5-2　变量管理参数介绍

序号	图 标	属性参数及说明	序号	图 标	属性参数及说明
1	⊕	单击可添加要写入的变量名及内容	4	×	单击可删除当前要写入的变量
2	↑	单击可将要写入的变量顺序上调	5	Model String	可选择已添加到"变量管理"中的变量
3	↓	单击可将要写入的变量顺序下调	6	c	可将输入值或其他工具的参数赋值给所选择的变量

5.2.3　分支与分支选择工具

在方案流程设计中，分支与分支选择起到非常重要的作用，可以帮助用户解决各种实际编程问题，提高程序的灵活性、可读性及可维护性。

分支工具（图 5-8a）将输入数据与各分支预设参数进行比对，根据比对结果执行对应的分支流程。通过使用分支工具，在方案流程的实现中会优化逻辑关系和调度顺序，使程序性能更好，并且允许方案发挥更广泛的功能，其属性参数说明见表 5-3。

a) 分支工具图标　　b) 分支选择工具图标

图 5-8　分支与分支选择工具

分支选择工具（图 5-8b）须与分支工具一同使用，可以实现将多个分支的指定数据项收拢，即实际执行任一分支，后续流程都可以获取到该分支的指定数据项的值，其属性参数说明见表 5-3。

150

表 5-3 分支与分支选择工具属性说明

名称	属性参数默认界面	属性参数及其说明
分支工具		数据：即待比对的对象，支持链接其他工具的结果数据（限 Int、Boolean、String 数据格式） 添加分支：可增设多个分支选项 其他：分支数据项之外的结果 注：工具运行时，若存在多项"分支"值相同，以顺序最先者为优
分支选择工具	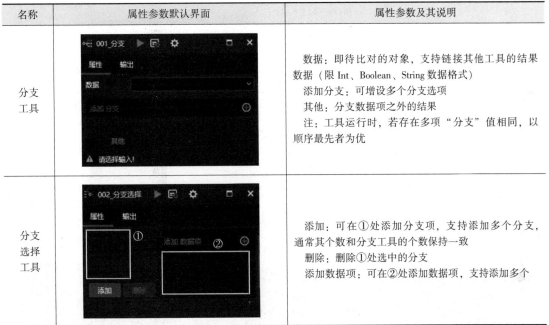	添加：可在①处添加分支项，支持添加多个分支，通常其个数和分支工具的个数保持一致 删除：删除①处选中的分支 添加数据项：可在②处添加数据项，支持添加多个

151

5.2.4 锂电池缺陷检测

锂电池缺陷检测过程如下：

1）打开"第 5 章-机器视觉检测-×××"解决方案并运行一次。打开"ToolBlock"工具，添加"CogBlobTool"，重命名为"CogBlobTool-Top"，并输入转换后的灰度图像。

2）CogBlobTool-Top"区域"配置。区域形状为"CogRectangleAffine"；所选空间名称为"@ \Fixture"；图像缓冲区为"Current. InputImage"，框选锂电池标签上方的顶部区域。

3）CogBlobTool"设置"配置。用于分割形状，筛选当前电池是否有缺口白色部分。模式："硬阈值（固定）"；极性："黑底白点"；阈值："200"；最小面积："500"。

4）运行工具，查看"结果"选项卡，图像缓冲区切换为"LastRun. InputImage"，若锂电池顶部无缺口，则未筛选出结果；若锂电池顶部有缺口（即 C 型锂电池），则筛选出结果，即 1 个斑点。

5）鼠标右键单击"CogBlobTool-Top"→单击"复制"→单击"粘贴到所选工具之后"→重命名为"CogBlobTool-Tail"→链接转换后的灰度图像。

6）打开"CogBlobTool-Tail"，将图像缓冲区的蓝色区域框拖至锂电池尾部，其他参数设置均无需更改。切换为 B 型锂电池时，图像缓冲区切换至"LastRun. InputImage"，可以看到此时尾部筛选出 1 个斑点。

7）将"CogBlobTool-Top"和"CogBlobTool-Tail"的输出"Count"拖至"［Outputs］"，并分别重命名为"Top"和"Tail"，可以在"ToolBlock"工具右侧的输出显示区同步查看。

8）添加"逻辑运算"工具并进行链接，打开该工具，添加两个"数值比较"。

步骤 1 设置，名称："@ Top"；参数："ToolBlock. Top＝0"。

步骤 2 设置，名称："@ Tail"；参数："ToolBlock. Tail = 0"。

两个步骤判断的 bool 量结果都自动进行输出。

9）添加"字符串操作"工具并进行链接，打开该工具，添加字符串拼接"Combine1"，此步骤用于后续分支判断。

添加参数：逻辑运算 .@ Top，勾选"bool 转 byte"。

添加参数：逻辑运算 .@ Tail，勾选"bool 转 byte"。

单击"保存"，自动输出"@ Combine1"拼接结果。

10）共会出现如下三种拼接结果。

11：完整电池，没有缺口，即为 A 型号电池。

10：尾部有缺口，顶部没有，即为 B 型号电池。

01：顶部有缺口，尾部没有，即为 C 型号电池。

添加"分支"工具，数据："字符串操作 .@ Combine1"；添加分支 1~3 分别为"11""10""01"，如图 5-9 所示。

视频演示

a) 锂电池型号

b) 分支配置

图 5-9　分支工具

11）打开方案图上方"变量管理"，添加一个变量 Model，类型 String。

12）添加三个"写变量"工具，分别与分支链接；分别将型号 A、B、C 写入变量"Model"。为了程序美观，链接完成后可鼠标右键单击"分支"取消展开。程序搭建至此完成。

5.3　HMI 界面设计

5.3.1　HMI 界面

HMI 界面（即人机交互界面）的作用是提升用户体验和增强可用性，具体体现在以下几点：

1）传达信息：用户交互界面为用户提供了像图标、按钮、菜单、文本框等各种交互元素，这些元素可以向用户传达有关软件功能、信息和状态等方面的信息。

2）提供反馈：用户交互界面不仅支持用户对软件进行操作和控制，还能够及时地给用户一些反馈信息，如提示信息、错误信息、进度条等，帮助用户快速地获得需要的信息或操作结果。

3）管理数据：在用户交互界面上，用户可以通过输入文本、选择选项等方式来控制软件进行相关操作。同时它也会将数据传递到软件内部并显示相应结果。

4）提高效率：用户交互界面能够使用户更加快速地完成任务、满足需求，进而提高生产力和工作效率。

5）快速上手：帮助用户更快的理解 V+平台软件实现的功能，减少用户认知成本。

V+平台软件的 HMI 界面运行效果如图 5-10 所示，其提供了常见行业应用的模板，如测量、检测和引导类项目模板，以及连接器类项目模板等，如图 5-11 所示。

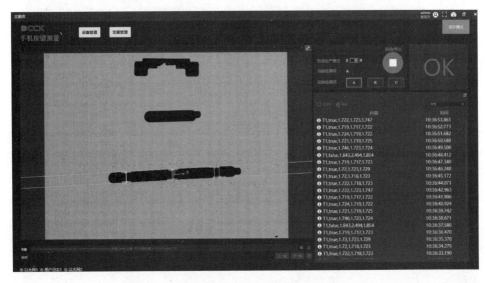

图 5-10　HMI 界面运行效果

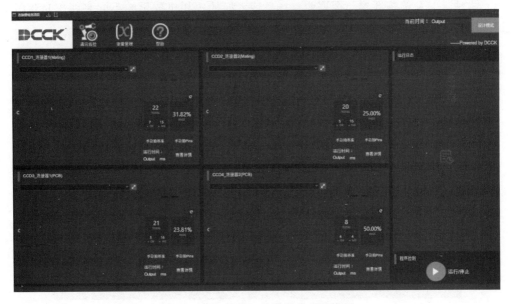

图 5-11　"4 机位"连接器类项目模板

5.3.2　新建 HMI 界面

1）在 V+平台软件中创建 HMI 界面，打开"第 5 章-锂电池检测-×××"解决方案，打开方案图上方"界面"。

2）方法一：从空白界面新建。在弹出的"新建运行界面"中，单击①处的"空白"，

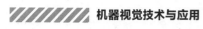

在右侧②处修改 HMI 画面尺寸为 1280×768（尺寸适配所用的计算机分辨率即可），单击③处的"确定"即可进入空白 HMI 设计界面，如图 5-12 所示。

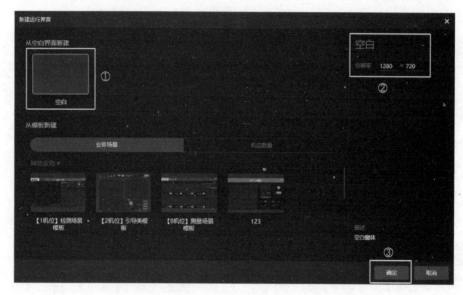

图 5-12　新建 HMI 界面方法一

3）方法二：从模板新建。根据业务场景或者所使用相机数量的不同来匹配自带的界面模板，如图 5-13 所示。

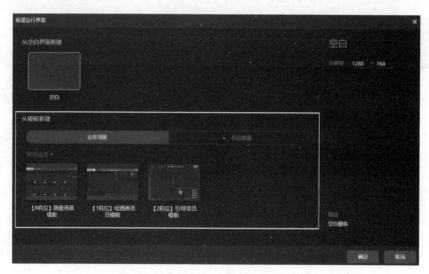

图 5-13　新建 HMI 界面方法二

5.3.3　HMI 界面基本操作

1. HMI 界面相关组件

在设计 HMI 界面时主要遵循简洁易用，可操作性强的原则，满足大多数使用者对软件操作的要求，即输入简单、方便易用、输出标准化。V+平台软件中的"运行界面设计器"

默认界面如图 5-14 所示。

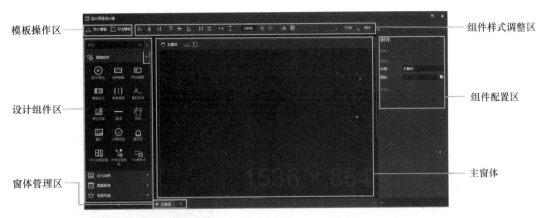

图 5-14 HMI 编辑界面

2. HMI 界面基本操作

良好的 HMI 界面设计涉及界面布局、功能完善、图形显示和数据统计等多方面的综合使用，其相关的基本操作主要包括添加子窗体、添加控件、字体及格式设置、填充及边框设置、控件位置设置等。

3. 常见控件属性说明

HMI 界面提供的控件类型较多，功能也较为全面，常见的控件包括动作按钮、图像（Cognex）、OK/NG 统计、Tab 控件、结果数据、指示灯等。

视频演示

5.3.4 HMI 界面设计

机器视觉软件的 HMI 界面的设计过程需要明确用户的需求和期望，采用手绘或软件制作草图和模型来对界面的颜色、排版和布局进行初步设计，根据需求和草图分析的结果来实施界面设计过程，同时在软件使用过程中可以根据用户的反馈来优化和完善界面功能。V+ 平台软件的 HMI 界面设计的步骤如下，基于此步骤设计的界面仅供学习参考，可根据实际需求和个人偏好进行优化和完善。

1）打开"第 5 章-锂电池检测-×××"解决方案，单击方案图上方"界面"，打开和新建运行界面设计器，如图 5-15 所示。

图 5-15 新建运行界面设计器

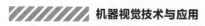
2）添加"基础控件"中的"单行文本"，编辑内容"锂电池检测项目"作为标题，如图 5-16 所示。

图 5-16　编辑"单行文本"

3）添加"运行结果"中的"图像（Cognex）"，添加内容"004_Cog 结果图像.Record"，即可显示带有处理结果的图像，如图 5-17 所示。

图 5-17　添加"图像（Cognex）"

4）添加"基础控件"中的"运行/停止"按钮，如图 5-18 所示。

5）添加"基础控件"中的"动作按钮"并配置其属性。文本："手动触发"；动作："触发信号"；信号："001_内部触发"，如图 5-19 所示。

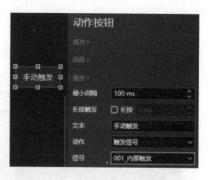

图 5-18　添加"运行/停止"　　　　　　图 5-19　添加"动作按钮"

6）添加"运行结果"中的"结果数据"控件，可链接"003_ToolBlock.PixelCount""003_ToolBlock.ColorName""Model"，显示于界面中，如图 5-20 所示。其中像素个数"Pix-elCount"为整数，可设置"结果数据"的"小数位数"为 0。

7）还可进行添加形状、线条等修饰控件进行画面分割，调整控件位置居中显示，调整字体大小、颜色等使整个布局美观整洁，如图 5-21 所示。

a) 链接003_ToolBlock.PixelCount

b) 链接003_ToolBlock.ColorName

c) 链接变量Model

图 5-20 添加"结果数据"

图 5-21 添加"动作按钮"

8）关闭运行界面设计器，单击右上角"运行模式"，如图 5-22 所示。

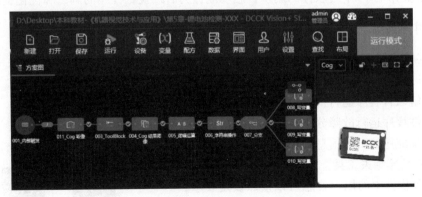

图 5-22 切换运行模式

9）在运行界面中单击 ▶ 图标使其变为 ■ 图标，单击"手动触发"，即可显示当前程序流程运行效果图和处理结果，单击右上角"设计模式"即可切换回方案设计界面，如图 5-23 所示。

注：方案启动状态下，每单击一次"手动触发"，与其关联的信号所在流程就运行一次。

图 5-23　运行界面

5.4　日志应用

在工业项目现场调试和应用机器视觉的过程中，系统运行时会出现某些问题，工程人员需要找到这些问题并解决。那么，如何快速定位追溯到这些问题呢？通常采用日志的方式。日志是一种可以追踪系统软件运行时所发生事件的工具，方便用户了解系统或软件、应用的运行情况。简单来讲就是通过记录和分析日志可以了解一个系统或软件程序运行情况是否正常，也可以在应用程序出现故障时快速定位问题。不仅在开发中，在系统运维中日志也很重要。此外，发生的事件也有重要性的概念，这个重要性也可以被视为严重性级别。

本节着重介绍 V+平台软件的用户日志功能，为后续视觉程序的调试和优化提供帮助。

5.4.1　用户日志

1. 用户日志作用

用户日志的作用是对系统运行情况的跟踪，具体体现在以下几点：

1）了解软件程序运行情况，判断是否正常，便于程序调试。

2）软件程序运行故障分析与问题定位。

3）如果应用的日志信息足够详细和丰富，还可以用来做用户行为分析。

2. 用户日志相关工具

V+平台软件中的用户日志可以按照设定要求，记录与显示程序流程关键环节及主要内容；也可以显示警告、报警等重要信息。V+平台软件中，与用户日志有关的工具的有两种：写日志和运行日志，如图 5-24 所示。

a）写日志　　b）运行日志

图 5-24　用户日志相关工具

（1）写日志 该工具在方案图中，用于获取和记录当前工具的运行状态和相关信息。

（2）运行日志 该工具在 HMI 界面中，用于在窗口中查看日志具体内容，如图 5-25 所示。

图 5-25 用户日志窗口

3. 用户日志相关参数

用户日志相关参数见表 5-4。

表 5-4 用户日志相关参数

序号	参数设置默认界面	参数及其说明
1		名称：日志的名称，可以自定义修改
2		文件位置：日志文件存储位置
3		文件类型：日志文件存储类型，包括 TXT 和 CSV
4		存储规则：存储日志文件的方式，包括每天和每次
5		文件大小：日志文件内存大小，包括 1MB、5MB、10MB、20MB、40MB 和 50MB
6		日志级别：日志重要性等级，包括信息、警告和错误
7		显示数目：在日志窗口显示数目，可以自定义输入
8		日期格式：日志窗口显示的日期格式，包括 yyyy-MM-dd HH:mm:ss.fff、HH:mm:ss.fff 和 MM-dd HH:mm:ss.fff
9		显示：用户可以自定义选择日志窗口显示的内容，包括另存为、清空、搜索、日志级别、域、模块和时间（默认情况下全部选择）

5.4.2 添加用户日志

用户想在 V+平台软件中使用用户日志相关功能，需要先添加用户日志组件并设置相关参数。

1）在项目解决方案的基础上，打开"设备管理"，选择"组件"，如图 5-26 所示。

2）双击或者拖拽"用户日志"，将其添加至左侧设备栏中，并设置参数，如图 5-27 所示。日期格式："HH:mm:ss.fff"，其他参数保持默认。

159

图 5-26 选择"组件"

图 5-27 添加用户日志

5.4.3 写日志工具

写日志工具的图标如图 5-24a 所示，其属性参数见表 5-5。它的用法是直接将其链接至目标工具，即可根据该工具运行状态获取或显示相关信息。

表 5-5 写日志工具的属性参数

序号	属性参数默认界面	属性参数及其说明
1		日志：日志的名称，只可根据添加的用户日志来选择
2		等级：日志重要性等级，包括信息（Info）、警告（Warming）和错误（Error）三个级别
3		域：对日志内容进行区域分组，一般为项目划分
4		模块：对日志内容进行模块分组，一般为功能划分
5		内容：日志显示的具体信息。一般此处为需要在日志窗口显示的内容

5.4.4　日志应用

在 V+平台软件中，可以获取或写入日志内容，并在 HMI 界面中显示，具体步骤如下：

1）在"第 5 章-锂电池检测-×××"解决方案的基础上，添加"系统"工具包中的"写日志"工具，并链接至"ToolBlock"工具，如图 5-28 所示。

2）配置"写日志"工具。日志："用户日志 1"；等级："Info"；域："锂电池检测"；模块："ToolBlock 运行结果"；内容："003_ToolBlock. Successfully"，用于显示当前图像处理是否成功，如图 5-29 所示。

图 5-28　添加"写日志"工具

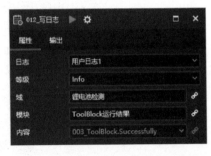

图 5-29　配置"写日志"工具

3）单击菜单栏的"界面"，添加"运行结果"的"运行日志"控件，添加日志文本等信息，并优化布局，如图 5-30 所示。

图 5-30　HMI 界面添加运行日志

4）切换至"运行模式"，在运行界面中单击"启动"按钮，单击"手动触发"在 HMI 界面中查看日志内容，如图 5-31 所示。

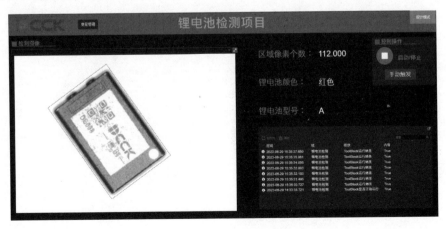

图 5-31　HMI 界面显示运行日志

本 章 小 结

　　本章学习了 ToolBlock 内的颜色检测工具（CogColorExtractorTool、CogColorMatchTool、Cog-ColorSegmenterTool）和斑点工具（CogBlobTool），以及 V+平台软件的变量管理、写变量工具、分支和分支选择工具的操作方法和 HMI 界面设计方法。并通过实际应用案例，展示了如何使用 V+平台软件来实现一个具体的机器视觉检测任务。通过本章的学习，读者可以了解和使用 V+平台软件中更多的工具和功能，优化系统的性能，提高准确性和稳定性，对于进一步学习和实现多种不同的机器视觉检测应用场景具有重要的意义。

习 题

1. 利用 CogColorSegmenterTool 和 CogBlobTool 实现锂电池颜色的判断。
2. 除了利用 CogBlobTool 工具，还可以用什么方法来实现锂电池缺陷检测？

第 6 章

机器视觉测量应用

机器视觉四大应用之一的精准测量测距，主要包含三维视觉测量技术、光学影像测量技术、激光扫描测量技术。与传统的测量方法相比，机器视觉测量具有的优势为高精度、高速度、非接触式等。提高了生产率和生产自动化程度，降低了人工成本；保障了产品质量，提高了产品精度和稳定性；促进了新型工业化的发展，推动了经济高质量发展；增强了国家综合实力，提高了国际竞争力。本章将利用自动化生产线中对锂电池外轮廓进行测量的过程，着重介绍 V+平台软件中视觉算法的标定工具、卡尺工具、几何定位工具、结果数据相关工具、数值计算工具等，为实际的生产应用培养素质高、专业技术全面的高技能人才奠定基础。

6.1 锂电池标定

6.1.1 相机标定

相机标定是确定世界坐标到像素坐标之间转换关系的过程。标定技术主要依靠世界坐标系中的一组点，它们的相对坐标已知，且对应的像平面坐标也已知，通过物体表面某点的三维几何位置与其在图像对应点之间的相互关系得到相机几何模型参数，得到参数的过程称为相机标定。

1. 空间坐标系

在对相机进行标定之前，为确定空间物体表面上点的三维几何位置与其在二维图像中对应点之间的相互关系，首先需要对相机成像模型进行分析。在机器视觉中，相机模型通过一定的坐标映射关系，将二维图像上的点映射到三维空间。相机成像模型中涉及世界坐标系、相机坐标系、图像像素坐标系及图像物理坐标系四个坐标系间的转换。

为了更加准确地描述相机的成像过程，首先需要对上述四个坐标系进行定义，如图 6-1 所示。

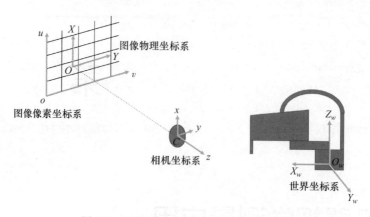

图 6-1　机器视觉空间坐标系之间的关系

1）世界坐标系 $O_w\text{-}X_wY_wZ_w$ 又称真实坐标系，是在真实环境中选择一个参考坐标系来描述物体和相机的位置，如机器人基础坐标系。

2）相机坐标系 $C\text{-}xyz$ 是以相机的光心为坐标原点，z 轴与光轴重合、与成像平面垂直，x 轴与 y 轴分别与图像物理坐标系的 X 轴和 Y 轴平行的坐标系。

3）图像像素坐标系 $o\text{-}uv$ 是建立在图像中的平面直角坐标系，单位为像素，用来表示各像素点在像平面上的位置，其原点位于图像的左上角。

4）图像物理坐标系 $O\text{-}XY$ 的原点是成像平面与光轴的交点，X 轴和 Y 轴分别与相机坐标系的 x 轴与 y 轴平行，通常单位为 mm，即图像的像素位置用物理单位来表示。

2. 图像像素坐标系与图像物理坐标系转换

本节介绍的锂电池测量，仅涉及到图像像素坐标系与图像物理坐标系之间的转换，故对此部分做重点讲解，其他坐标系间的转换关系不做介绍。

图 6-2 展示了图像像素坐标系和物理坐标系之间的对应关系，其中，$o\text{-}uv$ 为图像像素坐标系，o 点与图像左上角重合。该坐标系以像素为单位，u、v 为像素的横、纵坐标，分别对应其在图像数组中的列数和行数。$O\text{-}XY$ 为图像物理坐标系，其原点 O 在图像像素坐标系下的坐标为 (u_0,v_0)。$\mathrm{d}x$ 与 $\mathrm{d}y$ 分别表示单个像素在横轴 X 和纵轴 Y 上的物理尺寸。

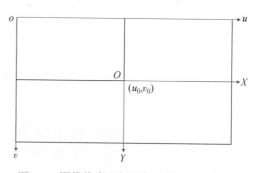

图 6-2　图像像素坐标系与图像物理坐标系

上述两坐标系之间的转换关系为

$$u=\frac{X}{\mathrm{d}x}+u_0,\quad v=\frac{Y}{\mathrm{d}y}+v_0 \tag{6-1}$$

将式（6-1）转换为矩阵齐次坐标形式为

$$\begin{pmatrix} u \\ v \\ 1 \end{pmatrix}=\begin{pmatrix} \dfrac{1}{\mathrm{d}x} & 0 & u_0 \\ 0 & \dfrac{1}{\mathrm{d}y} & v_0 \\ 0 & 0 & 1 \end{pmatrix}\begin{pmatrix} X \\ Y \\ 1 \end{pmatrix} \tag{6-2}$$

3. 标定方法

从广义上讲，现有的相机标定方法可以归结为两类：传统的相机标定和相机自标定。目前，传统相机标定技术研究如何有效、合理地确定非线性畸变校正模型的参数，以及如何快速求解成像模型等，而相机自标定则研究在不需要标定参照物情况下的方法。传统的标定技术需要相机拍摄一个三维标定靶进行标定，而较新的标定技术仅仅需要一些平面靶标。从计算方法的角度，传统相机标定主要分为线性标定方法（透视变换矩阵和直接线性变换）、非线性标定方法、两步标定方法和平面模板方法。

6.1.2　图像标定工具

1. 图像标定的意义

在视觉处理的过程中，每张图像都有一个关联的坐标空间树，可以根据视觉解决方案的需要定义任意多个坐标空间。即相对于现有坐标空间，通过 2D 转换指定坐标空间。前文已经介绍了可建立固定坐标系的工具"CogFixtureTool"，本节将介绍"CogCalibCheckerboardTool"工具。

在许多视觉解决方案中，都需要进行有实际意义的测量结果和定位，通过在应用程序中添加"CogCalibCheckerboardTool"工具后，用于分析图像的项目解决方案就可以以特定的测量单位（如毫米等）返回结果。

该工具需要先获取标定板的图像，并以实际物理单位（常用单位 mm）提供校准板（又称标定板）上的网格点的间距。支持使用的标定板有两种，一种是棋盘格标定板，一种是点网格标定板。若要使用棋盘格标定板，校准网格点是方形图块的顶点，可以将网格点间距指定为图块边长；若要使用点网格标定板，校准网格点是圆点的圆心，可以将网格点间距指定为圆心间距，如图 6-3 所示。

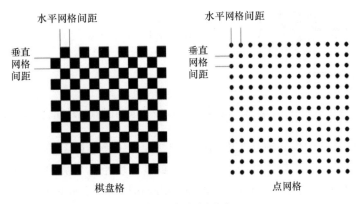

图 6-3　标定板形式

若选择棋盘格标定板，该工具还支持指定为含有基准符号或不含有基准符号两种形式，如图 6-4 所示。

注：建议使用具有详尽特征提取功能的棋盘格标定板，它可以产生最准确的校准结果。

"CogCalibCheckerboardTool"工具可以定位标定板中的网格点，计算实际坐标和图像坐标之间的最佳拟合 2D 转换，并存储转换关系数据以备后用。该工具可以生成线性变换，也

可以生成非线性变换，这也可以用来解决光学和透视失真问题。

含基准符号的棋盘格标定板　　　　　　不含基准符号的棋盘格标定板

图 6-4　是否含基准符号的棋盘格标定板

计算完成后，二维转换可用于后续图像采集，将输入图像的未校准坐标空间映射到原始校准坐标空间，即将这种坐标转换关系附加到每个运行时图像的坐标空间树中。通过进一步指定该空间原点的精确位置和方向，可以生成最终校准的空间，然后将其传递给其他视觉工具。这样视觉工具就可以输出实际物理单位的测量结果，如图 6-5 所示。

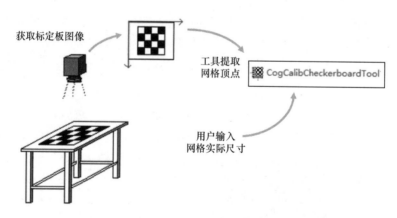

图 6-5　"CogCalibCheckerboardTool" 工具使用标定板校准过程

注：输入标定板的图像必须是灰度图像，但是使用转换坐标系的运行时图像可以是彩色的，也可以是灰度的。若切换不同类型的相机，或者改变相机与被拍摄对象之间的距离，则需要重新标定，必须再次打开 "CogCalibCheckerboardTool" 工具进行计算，以获得新的转换。所以，在无需重新校准的情况下，计算完成后不必再打开 "CogCalibCheckerboardTool" 工具。

2. 图像标定工具

"CogCalibCheckerboardTool" 工具校正选项卡界面用于确定 2D 转换映射的类型（线性或非线性），定义网格间距与要使用的度量单位之间的比率，来生成和定义棋盘格图，其默认界面如图 6-6 所示。

视频演示

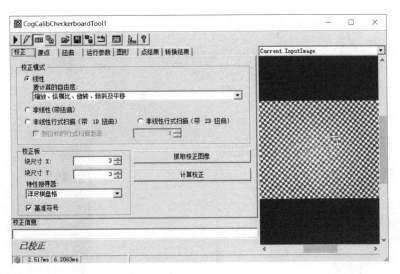

图 6-6　"CogCalibCheckerboardTool" 默认界面

6.1.3　锂电池标定

1）新建解决方案，并保存为"第 6 章-机器视觉测量-×××"，添加"内部触发""Cog 取像"，并配置"Cog 取像"，源："文件"；文件：本地图片"标定板 3mm. bmp"。运行该工具，成功加载图像，如图 6-7 所示。

注：若采用相机取像，则将标定板实物放置于待测产品同高度的位置，进行拍照取像。

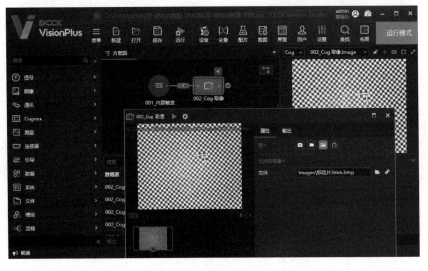

图 6-7　采集标定板图片

2）添加"ToolBlock"并重命名为"标定"，链接"Cog 取像"，打开后输入图像，添加"CogImageConvertTool"并输入图像"Input1"，添加"CogCalibCheckerboardTool"并输入转换后的图像，如图 6-8 所示。

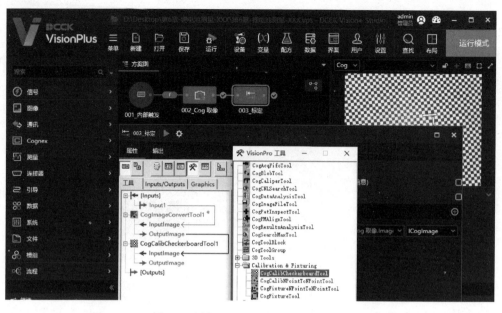

图 6-8　添加 CogCalibCheckerboardTool

3）配置 CogCalibCheckerboardTool。图像缓冲区切换为"Current. CalibrationImage"→单击"抓取校正图像"→块尺寸 X：3；块尺寸 Y：3→其他参数默认→单击"计算校正"→运行整个工具，此时可以看到左下角的提示变为绿色的"已校正"，如图 6-9 所示。

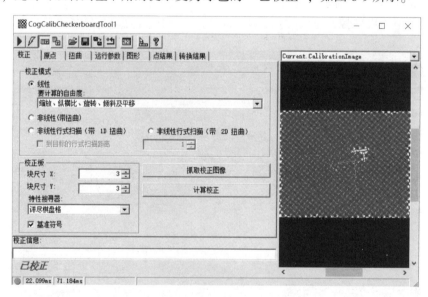

图 6-9　配置 CogCalibCheckerboardTool

4）图像缓冲区切换为"LastRun. OutputImage"，可查看当前标定后的坐标系。单击"转换结果"选项卡，可查看校正转换相关系数和 RMS 误差，如图 6-10 所示。

5）关闭参数配置页面，将该工具输出的"OutputImage"拖至"［Outputs］"，右侧输出栏也同步输出，关闭此页面，如图 6-11 所示。

第 6 章　机器视觉测量应用

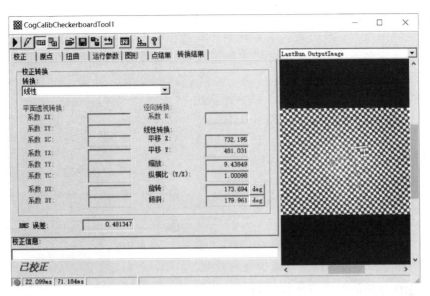

图 6-10　查看 CogCalibCheckerboardTool 结果

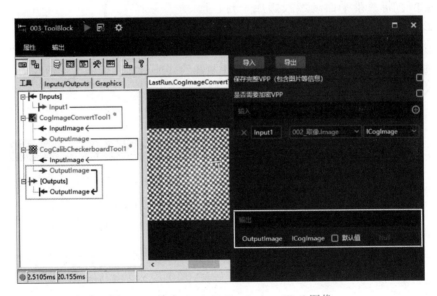

图 6-11　输出 CogCalibCheckerboardTool 图像

6.2　锂电池尺寸测量

6.2.1　图像边缘提取工具

本节将学习图像边缘提取工具 CogCaliperTool（也称"卡尺工具"），利用其对锂电池标签（即中间白色区域）的某一对边缘进行提取，可测量标签的宽度，如图 6-12所示。

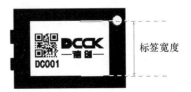

图 6-12　锂电池尺寸测量图

视频演示

CogCaliperTool 是通过像素区域间灰阶差异来判断灰阶变化的位置的工具。可以在投影区域内搜索边或边对，主要有两种模式：单边缘或边缘对。单边缘模式可找到一条或多条单边，边缘对模式则可找到一对或多对边对。边缘对模式也可以测量边对之间的距离。

其中，投影区域仅从图像的一小部分提取出边缘信息，由图像缓冲区"Current. InputImage"中的方框（选中时为深蓝色）表示。灰色区域为模拟要查找的边缘，其结构如图 6-13 所示。

此方框的调整方式与"CogPMAlignTool"的训练区域框大致相同，不同之处在于此方框边缘存在两个方向。

1）投影方向：与要查找的边缘平行。将二维图像映射到一维图像中，其作用是减少处理时间、存储、维持并在一些情况下增强边线信息。其基本原理是沿投影区域的投影方向中的平行光线添加像素灰度值，将二维平面区域投影成一行，形成一维投影图像，如图 6-14a 所示。

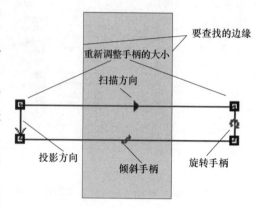

图 6-13　CogCaliperTool 投影区域结构

2）扫描方向：与要查找的边缘垂直，即在此方向上存在明暗变化。其基本原理是利用滤波窗口进行卷积运算，得到过滤曲线，过滤曲线的峰值所在位置即为边缘位置，此方式还可以从输入图像中消除噪音和伪边缘，如图 6-14b 所示。

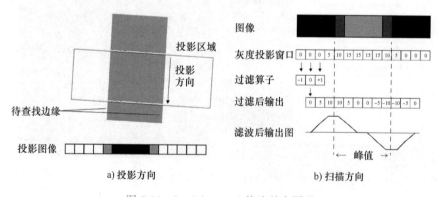

图 6-14　CogCaliperTool 找边基本原理

6.2.2　结果数据相关工具

1. 结果数据的作用

在测量项目的实际运用中，常常需要对测量结果进行数据整合和分析，它的作用主要体现在以下两个方面：

1）识别异常值和错误：数据中可能存在异常值或错误，会影响下一步的结论和决策，使用"结果数据分析"工具可以识别这些异常值和错误，并采取相应的措施进行修正。

2）提高效率和产品质量：可以更快地分析产品数据，发现产品存在的问题和缺陷，及时采取改进措施，从而提高产品质量。

2. 相关工具及其参数

V+平台软件中的"测量"工具包包含的工具有数据分析、数据合并、线性补偿和导出数据，与之对应，也包含可以将测量数据显示到 HMI 界面中的控件。本节将介绍以下三个工具或控件，如图 6-15 所示。

a) 结果数据分析

b) 通用数据表

c) 数值写入

图 6-15 结果数据相关工具

（1）结果数据分析 工具栏中"测量"工具包内的工具，对输入的测量值、标准值及上下公差进行比较，运行后输出比较结果（OK/NG）及测量数据集合，相关参数见表 6-1。

（2）通用数据表 HMI 界面"数据报表"下的控件，可链接"结果数据分析"工具，将测量结果的数据分析显示到 HMI 界面中，相关参数见表 6-2。

（3）数值写入 HMI 界面"基础控件"下的控件，可在 HMI 界面中输入数值，更改"结果数据分析"工具内的参数，相关参数见表 6-3。

表 6-1 结果数据分析相关参数

序号	参数设置默认界面	参数及其说明
1	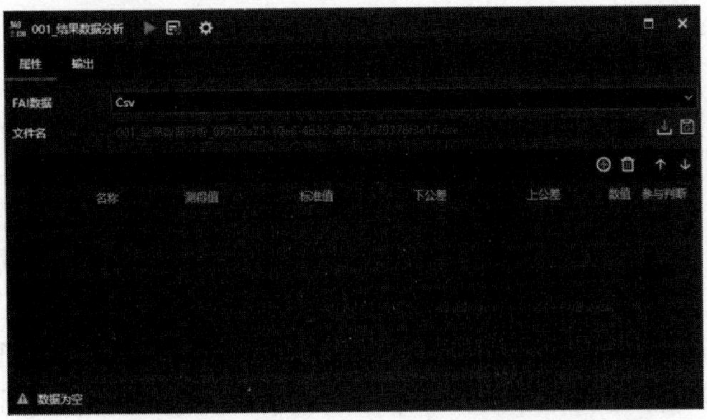	**FAI 数据**：可选择生成 Csv 格式文件或从程序流程中链接
2		**文件名**：保存结果数据的默认文件名
3		**名称**：数据的名称
4		**测得值**：当前测量值
5		**标准值**：数据的标准值
6		**下公差**：负值，允许的最小极限尺寸减去标准值的值
7		**上公差**：正值，允许的最大极限尺寸减去标准值的值
8		**数值**：勾选则允许对数值进行上下限的判断，不勾选则不能对数值进行判断
9		**参与判断**：勾选则此值参与判断，否则不参与

表 6-2　通用数据表相关参数

序号	参数设置默认界面	参数及其说明
1		数据源：链接方案图中的"结果数据分析"工具
2		小数位：表格中数值保留的小数位数
3		表格编辑：对表格进行显示和筛选的编辑
4		启用置顶：启用后，每一行数据前出现 图标，可指定表内任意数据置顶
5		启用/禁用：启用则显示到 HMI 界面中，禁用则不显示
6		开启筛选：开启后，表格内的对应字段名后即会出现 图标，该字段可筛选

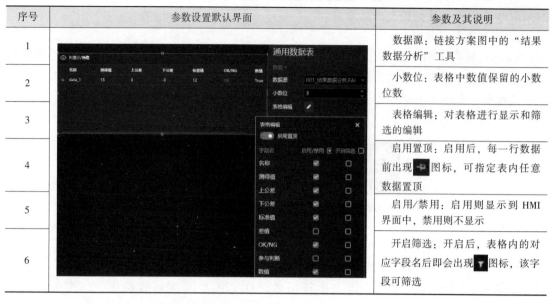

表 6-3　数值写入相关参数

序号	参数设置默认界面	参数及其说明
1		变量：选择"变量管理"中建立好的变量，即可将数值在界面中写入对应变量内
2		小数位：允许输入的数值保留的小数位数
3		最小值：允许输入的最小值
4		最大值：允许输入的最大值

6.2.3　锂电池尺寸测量

锂电池尺寸测量过程如下：

1）打开"第6章-机器视觉测量-×××"解决方案，打开"Cog 取像"获取锂电池图像，源：文件夹；文件夹：本地包含锂电池图片的文件夹（注：此时锂电池上表面距离相机的高度同标定板拍摄高度相同）。运行该工具，成功加载图像。

视频演示

2）添加新的"ToolBlock"并链接至"标定"后，打开"ToolBlock"，输入"标定"工具输出的图像"OutputImage"，此为实际物理坐标系下的图像。

3）分别添加"CogPMAlignTool""CogFoxtureTool"，训练锂电池模板，并根据锂电池建立固定坐标系。单击 图标，添加"CogCaliperrTool"，并链接输入图像"Input1"。

4）CogCaliperrTool "区域"配置。所选空间名称为"@ \ Checkerboard Calibraion \ Fixture"，即经过标定后又固定到锂电池本身的坐标系，在图像缓冲区"Current. InputImage"中拖动和缩放卡尺，使搜索方向——覆盖锂电池短边标签两端，投影方向——平行于锂电池标签长边。

5) CogCaliperrTool "设置" 配置。边缘模式：边缘对→边缘 0 极性：由暗到明→边缘 1 极性：由明到暗→边缘对宽度："16"。

6) 运行 CogCaliperTool，图像缓冲区切换至 "LastRun. InputImage"，选择 "结果" 选项卡，选中当前结果，可以查看对应当前运行图像的短边标签测量值和其他参数。

7) 关闭 CogCaliperTool 编辑界面，鼠标右键单击 "CogCaliperTool1"，单击 "添加终端"，在弹出的 "成员浏览" 页面中，浏览切换为 "所有（未过滤）"，进入属性的路径选择 "Results"→"Item[0]"→"Width"，单击 "添加输出"，单击 "关闭"，将测量宽度添加至终端。

8) 将 "CogCaliperTool1" 的输出 "Results.Item[0].Width" 拖至 "[Outputs]"，并重命名为 "Width"。

9) 关闭 "ToolBlock" 页面并运行该工具，添加 "测量" 工具包的 "结果数据分析" 工具，并进行链接。打开 "结果数据分析" 工具，名称： "width"；测得值： "ToolBlock. Width"；标准值： "16"；下公差： "-0.5"；上公差： "0.5"。

10) 在实际项目中，常常也需要在运行界面中开放可输入的标准值、下公差、上公差。此时需要先建立变量，通过在界面中修改变量的值，修改 "结果数据分析" 工具内的标准值和上、下公差。在 "变量管理" 中新建三个 Double 类型变量。

变量名：标准值；类型：Double；初始值和当前值：16。

变量名：下公差；类型：Double；初始值和当前值：-0.3。

变量名：上公差；类型：Double；初始值和当前值：0.3。

11) 此时，在 "运行界面设计器" 中，即可添加三个 "数值写入" 工具。

12) 标准值设置，变量：标准值；最小值：0；最大值：100。

下公差设置，变量：标准值；最小值：-10；最大值：0。

上公差设置，变量：标准值；最小值：0；最大值：10。

13) 在 "结果数据分析" 工具中进行以下配置即可实现在运行界面中调整允许的标准值和上、下公差。

标准值：单击 ⊘ 图标链接 "变量" 中的 "标准值"。

下公差：单击 ⊘ 图标链接 "变量" 中的 "下公差"。

上公差：单击 ⊘ 图标链接 "变量" 中的 "上公差"。

运行该工具，单击 "输出" 图标，即可查看该工具判断的 Bool 类型结果 "Result" 的值。

14) 可在 "运行界面设计器" 中添加 "OK/NG 统计"，输入为 "结果数据分析 .Result"，使当前测量结果是否符合标准更清晰地显示在运行界面中。

15) 可在 "运行界面设计器" 中添加 "通用数据表"，数据源为 "结果数据分析 .FAI"，可在运行界面中详细查看当前运行图像的结果数据。

6.3 锂电池中心点计算

6.3.1 图像几何特征工具

锂电池中心点计算是找出标签的四个角，并拟合出对角线，利用对角线相交求出锂电池

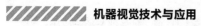
的中心，如图 6-16 所示。

本节将学习和运用"ToolBlock"工具内的部分几何工具，所有几何工具都包含在以下几个文件夹中，如图 6-17 所示。

图 6-16　锂电池中心点计算　　　　　　图 6-17　几何工具分类

1）Geometry-Creation：包含几何工具中创建类的工具，例如，在图形中根据已知条件创建新的圆、直线、线段等。

2）Geometry-Finding&Fitting：包含几何工具中查找和拟合类的工具，例如，查找图形中已存在的一个角，通过三个已存在的点拟合一个圆等。

3）Geometry-Intersection：包含几何工具中相交类的工具，例如，线和线相交求交点等。

4）Geometry-Measurement：包含几何工具中测量类的工具，例如，点到点的距离，点到线的距离，线与线的夹角等。

以下将对部分几何工具做详细介绍。

1. CogFindLineTool

CogFindLineTool（简称"找线工具"或"FindLine"）提供了图形用户界面，该工具在图像的指定区域上运行一系列卡尺工具以定位多个边缘点，将这些边缘点进行拟合，并最终返回最适合这些输入点的线，同时产生最小的均方根（RMS）误差。用户可以使用此工具指定分析图像的区域，控制所用卡尺的数量以及查看视觉工具的结果。其默认界面如图 6-18 所示。

视频演示

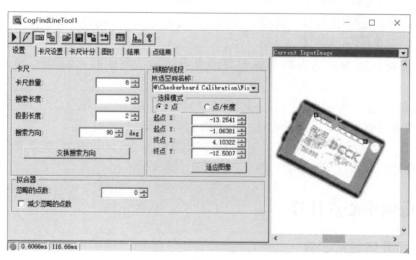

图 6-18　CogFindLineTool 默认选项卡界面

2. CogFindCircleTool

CogFindCircleTool（简称"找圆工具"或"FindCircle"）提供了图形用户界面，该工具在图像的指定圆形区域上运行一系列卡尺工具，以定位多个边缘点，并将这些边缘点提供给基础的"拟合圆"工具，以及最终返回最适合这些输入点的圆，同时生成最小的均方根（RMS）误差。该工具使用用户可以指定分析图像的区域，控制所用卡尺的数量以及查看视觉工具的结果。其默认界面如图 6-19 所示。

视频演示

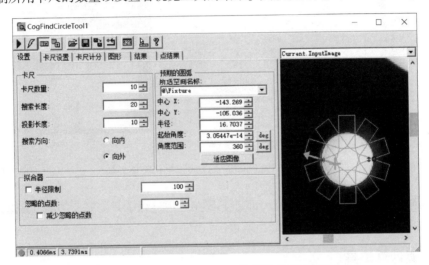

图 6-19　"CogFindCircleTool"默认选项卡界面

CogFindCircleTool 指定圆形区域的"拟合圆"工具使用的预期线段在图像缓冲区中的操作方法如图 6-20 所示。

175

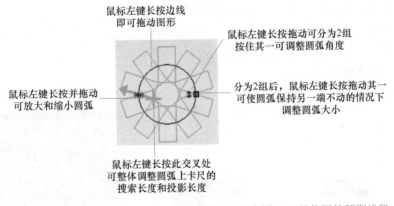

图 6-20　CogFindCircleTool 指定圆形区域的"拟合圆"工具使用的预期线段

3. CogFindCornerTool

CogFindCornerTool（简称"找角工具"或"FindCorner"）提供了图形用户界面，该工具在图像的两个指定区域上运行一系列卡尺工具以定位两组边缘点，并将两组边缘点提供给基础的"拟合线"工具。CogFindCornerTool 最终返回最适合这些输入点和由这些线定义的角的两条边，同时生成最小的均方根（RMS）误差。

视频演示

其默认界面如图 6-21 所示。

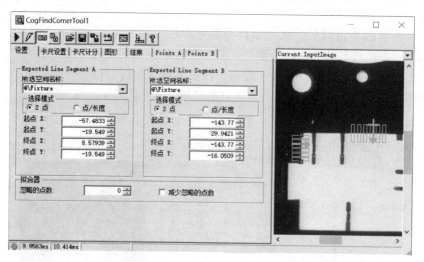

图 6-21 "CogFindCornerTool" 默认整体界面

其他几何工具操作方式类似,且大部分工具在运用过程中只需基于查找工具输出的参数进行链接即可得到结果,此处不再赘述。

6.3.2 数值计算工具

1. 数据的作用

在实际项目过程中,常常需要对视觉工具获取的数据进行相关计算,以得到想要的结果,其作用主要体现在:

1) 数据处理。可以对大量数据进行处理和分析,提取有用信息,为决策提供支持。

2) 质量控制。通过对产品尺寸、形状等参数的测量和计算,判断产品质量是否符合要求。

3) 故障诊断。通过对设备运行数据的分析和计算,可以确定设备的故障原因和位置。

2. 相关工具和参数

V+平台软件"数据"工具包中的"数值计算"工具如图 6-22 所示,相关参数见表 6-4。

a)"数据"工具包中图标   b) 方案图中图标   c) 参数设置默认界面

图 6-22 数值计算工具

表 6-4 数值计算工具相关参数

序号	图 片	参数及其说明
1	表达式为空	表达式栏：类似计算器的表达式栏，展现当前计算过程的表达式，单击左下角 ⚙ 图标可设置结果保留小数位数
2	函数 引用 sin cos tan asin acos atan |abs| log sqrt deg rad pow	函数：单击可选择多种表达式，如三角函数、反三角函数、绝对值、对数、平方根、弧度值转角度值等
3	引用 ⊕ 添加 名称 引用 类型 值 @arg1 NaN	引用：同其他工具，单击 ⊕ 添加 图标添加可从程序流程中或变量中引用待计算的数值，单击右侧 ⊞ 图标可将引用的数值添加到表达式栏中
4	round π % C DEL max 7 8 9 ÷ min 4 5 6 × exp 1 2 3 − () 0 +	输入栏：单击即可输入数值和运算符号

6.3.3 锂电池中心点计算

锂电池中心点计算过程如下：

1）打开"第 6 章-机器视觉测量-×××"解决方案并运行程序，打开"ToolBlock 工具"，单击 ✖ 图标，选择"Geometry-Finding&Fitting"，添加"CogFindCornerTool"，并链接输入图像"Input1"。

2）CogFindCornerTool1 用于查找锂电池左上角，"设置"选项卡："Segment A"和"Segment B"的所选空间名称都选择"@ \Checkerboard Calibraion \Fixture"。

注：此时缩小锂电池整体图像，可以看到两个"查找线"图形，与锂电池的相对位置和大小有明显差异。

3）"卡尺设置"选项卡：缩小搜索长度和投影长度，并配合图中卡尺线，将两个"查找线"图形置于查找锂电池标签左上角，并将极性设置为"由暗到明"。

视频演示

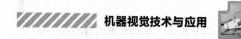

4）"结果"选项卡：运行工具，并切换至"LastRun. InputImage"图像缓冲区，可以查看找到的角的位置及坐标。

5）复制"CogFindCornerTool1"，并在其后粘贴三次，输入图像，用于找其他三个角，分别设置找角工具的卡尺线位置，依次找到左下、右下、右上的三个夹角。

6）单击❀图标，选择"Geometry- Finding&Fitting"，添加"CogFitLineTool"，并链接输入图像"Input1"，用于两点拟合一条线。

7）拟合左上角至右下角的对角线，输入图像并链接坐标。鼠标右键单击"CogFitLineTool1"的"RunParams.SetX(0)"，单击"链接自"，选择第一个夹角的 X 坐标，即"CogFindCornerTool1. Result. CornerX"，也可以直接从"CogFindCornerTool1"的输出端拖拽链接。

"CogFitLineTool1"其余坐标链接：SetY(0)←FindCorner1 的 Y；SetX(1)←FindCorner3 的 X；SetY(1)←FindCorner3 的 Y。

8）添加"CogFitLineTool2"拟合左下角至右上角的对角线，输入图像并链接坐标：SetX(0)←FindCorner2 的 X，SetY(0)←FindCorner2 的 Y，SetX(1)←FindCorner4 的 X，SetY(1)←FindCorner4 的 Y。运行"ToolBlock"工具，可以看到图像中自动显示两条交叉对角线。

9）单击❀图标，打开"Geometry-Intersection"，添加"CogIntersectLineLineTool"，并链接输入图像"Input1"，用于寻找线与线的交点，分别链接：LineA←CogFitLineTool1 的Result. GetLine()，LineB←CogFitLineTool2 的 Result. GetLine()。运行后可查看输出的交点坐标，并将其拖至"［Outputs］"。

注：此工具输出的弧度值"Angle"由于卡尺方向的变化不能准确描述锂电池旋转的角度，需要用其他工具输出弧度值。

10）新建"CogFitLineTool3"并输入图像，坐标链接：SetX(0)←FindCorner1 的 X，SetY(0)←FindCorner1 的 Y，SetX(1)←FindCorner4 的 X，SetY(1)←FindCorner4 的 Y。

运行后在锂电池标签上边缘生成一条直线，以此直线的方向（起始点到终点的方向）作为锂电池旋转方向。

11）鼠标右键单击"CogFitLineTool3"，单击"添加终端..."，在弹出的"成员浏览"界面中设置，浏览：典型；进入属性的路径：Result→GetLine()→Rotation。单击"添加输出"。并将"Result. GetLine(). Rotation"拖至"［Outputs］"，并重命名为"Rotation"。

12）添加"数值计算"工具并互相链接，配置"数值计算"。单击"函数"→单击"deg"将其添加到计算栏中；单击"引用"→单击"添加"→在"引用"栏选择"ToolBlock. Rotation"→单击"@ arg1"后的"▣"图标，将"@ arg1"添加到计算栏"deg"后的括号内。运行前端流程，将引用的数值传入"数值计算"工具，并运行该工具，即可查看当前锂电池方向的角度值输出"Value"。

13）HMI 界面"结果数据"用于显示中心坐标，分别链接：中心点 X：ToolBlock. X；中心点 Y：ToolBlock. Y；中心点 R：数值计算. Value。

14）添加"Cog 结果图像"工具并配置，工具："ToolBlock"，图像："CogPMAlignTool1.InputImage"，运行工具，可以查看处理后的图像效果。

15）设计 HMI 界面并优化。

6.4 HMI 界面优化

6.4.1 文件与文件夹删除应用

1. 程序运行相关工具

在使用 V+平台软件编程时，如果需要在方案启动或方案停止时执行相应的动作，可采用如图 6-23 所示的程序启动和程序停止工具，二者在使用时直接链接需要执行的工具即可。

（1）程序启动工具

1）由方案启动动作触发所在流程的执行，同时输出该工具执行触发的实际时间。

2）从方案图布局上来考虑，该工具所在流程一般会放在方案的最顶端。

（2）程序停止工具

1）由方案停止动作触发所在流程的执行，同时输出该工具执行触发的实际时间。

2）从方案图布局上来考虑，该工具所在流程一般会放在方案的最末端。

在实际的机器视觉项目中，当方案中某流程仅需要在特定时间才执行一次时，可以选择计划时间工具，如图 6-24a 所示；当该流程间隔一定时间就要执行一次时可以选择定时器工具，如图 6-24b 所示。二者对应的属性说明见表 6-5。

a) 程序启动工具 b) 程序停止工具   a) 计划时间工具 b) 定时器工具

图 6-23 程序启动、停止工具   图 6-24 定时触发工具

表 6-5 计划时间和定时器工具属性说明

名称	属性参数默认界面	属性参数及其说明
计划时间	 004_计划时间 重复 每天 时间 00:00:01	重复：计划时间单位，可选择天或者每天，默认为每天 时间：设定具体的时间点，其格式为时：分：秒
	 004_计划时间 重复 天，周期 90	重复：设置为天 周期：间隔周期时长
定时器	 005_定时器 定时周期 5 秒	定时周期：间隔指定时间（如 5 秒）触发流程执行一次，时间单位包括毫秒、秒、分、时、天

2. 删除相关工具

随着科技的不断发展，虽然计算机磁盘容量已经越来越大，但视觉方案经过长时间的运行会留存大量的图像和数据，必须通过删除工具在合理的条件下自动清理无用的文件，防止

因磁盘空间不足导致方案无法正常运行。

在 V+平台软件中，与删除有关的工具有两种：删除文件和删除文件夹，如图 6-25 所示，其对应的属性说明见表 6-6。

（1）删除文件　该工具能够实现删除指定路径下的特定文件，包括不同格式的图像、表格等。

（2）删除文件夹　该工具可以实现删除指定文件夹。

a) 删除文件工具

b) 删除文件夹工具

图 6-25　删除相关工具

表 6-6　删除文件和删除文件夹工具属性说明

名称	属性参数默认界面	属性参数及其说明
删除文件	008_删除文件 属性　输出 文件夹 筛选条件　*.bmp 保留天数　5 包含子文件夹 □ 忽略错误 ☑ ⚠ "文件夹" 无效	文件夹：指定需要删除的文件所在的文件夹或链接文件夹路径 筛选条件：指定删除的文件格式，如 bmp，或链接筛选条件 保留天数：保留天数之外的文件都被删除 包含子文件夹：是否删除子文件夹中文件，子文件夹中的文件类型受筛选条件限制 忽略错误：忽略在删除过程中出现的错误，默认勾选
删除文件夹	007_删除文件夹 属性　输出 文件夹 忽略错误 ☑ ⚠ "文件夹" 无效	文件夹：指定需要删除的文件夹或链接文件夹路径 忽略错误：忽略在删除过程中出现的错误，默认勾选

3. 文件与文件夹删除应用

在机器视觉项目应用中，往往会根据给出的条件判断何时进行文件或文件夹的删除，例如，根据车间生产的时间每天早上八点需做文件清理，参考步骤如下。

1）打开"第 6 章-锂电池测量-×××"解决方案，双击或拖出"信号"工具包中的"计划时间"工具和"文件"工具包中的"删除文件"工具，并相互链接，如图 6-26 所示。

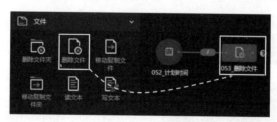

图 6-26　添加并链接"计划时间"工具和"删除文件"工具

2）"计划时间"配置。重复："每天"；时间："08:00:00"，单击"确定"，如图 6-27 所示。

3）"删除文件"配置。文件夹："Images-删除文件测试"；筛选条件：" *.bmp"；保留天数："1"；勾选"包含子文件夹"；勾选"忽略错误"，如图 6-28 所示。

图 6-27 配置"计划时间"工具

图 6-28 配置"删除文件"工具

4）运行方案并查看文件夹。①处为删除文件前的状态；②处为删除文件后的状态，如图 6-29 所示。

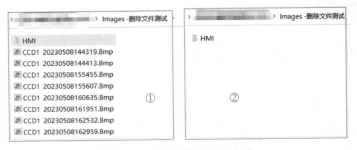

图 6-29 运行查看本地文件夹

6.4.2 用户权限设置

1. 用户权限功能

不同的用户权限对于现代信息技术的发展至关重要，在程序保护和数据安全上有着不可或缺的作用，通过将机器视觉系统的访问权限划分为不同的级别，与用户的职务和责任相匹配，可以提高系统的安全性使得方案主体得到更好的保护，并提升运行效率，减少误操作的概率，从而使得系统能够更加规范和高效地运转。

V+平台软件中通过用户工具（图 6-30）可以设置管理者、工程师、操作员三种类别，其中管理者（admin）的权限最高，对每种类别又可以添加多位工作人员，其属性对应的功能说明见表 6-7。当在方案设计过程中设置了用户权限后，即可在运行界面设计器中对已添加的工具选择相应的用户。

图 6-30 用户权限界面

表 6-7　属性说明

序号	功能组件		说　明
1	用户设置区	⊕ 添加	添加用户
2		🗑 清除	清除已添加用户
3		↓ 导入	导入用户信息
4		☐ 导出	导出添加的用户信息
5		⚙	设置是否启用用户权限管控和自动登录时间
6		admin	修改 admin 用户密码
7	用户显示区		显示已添加的用户信息

2. 用户权限设置及其应用

1）单击菜单栏的👤图标，在弹出的信息窗口，单击"确认"，如图 6-31 所示。

2）admin 用户登录。单击"当前用户"→在①处输入用户名"admin"→在②处输入用户"admin"的密码"admin"→单击"登录"，如图 6-32 所示。

图 6-31　打开用户登录

图 6-32　进行用户登录

3）用户信息添加。单击⊕图标在①处配置用户信息，用户名："dcck"；等级："工程师"；密码："123"；确认密码："123"；备注："请牢记本次设置的密码"，单击"确认"。单击②或③可编辑或删除该用户信息，如图 6-33 所示。

4）用户权限的应用。在运行界面设计器中选中"手动触发"按钮，将其权限中的"可操作"设为"工程师"，如图 6-34 所示。

5）运行解决方案，此时 admin 处于登录状态，"手动触发"可操作，单击①处，单击"登出"，此时无用户登录，则"手动触发"为灰色不可操作，如图 6-35 所示。

图 6-33　用户信息添加

图 6-34　用户权限应用

图 6-35　用户权限登出

6）一般用户登录单击①处，在弹出的用户窗口中输入用户名："dcck"；密码："123"，单击"登录"按钮即可触发，如图 6-36 所示。

图 6-36　用户权限登录

本 章 小 结

本章通过自动化生产线中对锂电池外轮廓进行测量的过程，着重介绍和使用 V+平台软件中视觉算法的标定工具、卡尺工具、几何定位工具、结果数据相关工具、数值计算工具

183

等，包括参数的调整、选择合适的测量工具和数据分析工具等，并介绍了优化 HMI 界面的方法，选择合适的数据显示控件。学习如何利用这些工具和功能实现不同的机器视觉测量任务，完成外轮廓宽度和中心点计算等，利用机器视觉测量提高了生产率和质量水平。为了进一步提高机器视觉测量能力，还可以继续学习更多的视觉处理技术和算法，并将其应用于实际问题和场景中。同时，将 V+平台软件与实际应用紧密结合起来，不断探索和创新，推动机器视觉测量技术的发展和应用。致力于通过不断学习和实践，更好地发挥机器视觉测量的优势，为实际应用带来更多的便利和价值。

习　题

1. 在本章应用的基础上，测量锂电池上小圆孔圆心到锂电池中心点的距离。
2. 在本章应用的基础上，利用"数值计算"工具计算输出锂电池上小圆孔的像素面积和周长。
3. 在本章应用的基础上，设计 HMI 界面并显示测量图像和锂电池上小圆孔的相关测量数据。

第 7 章

机器视觉引导应用

机器视觉引导机器人定位抓取是一种结合了机器视觉和机器人技术的自动化抓取方法。机器人或机械手是自动执行工作的机械装置，它可以接受人类指挥，运行预先设定的程序，以提高生产率、减少人力投入。和人力操作相比，机械手还可以适应多种复杂恶劣的工作环境，提高安全性、精度和可靠性，方便进行大量的数据分析和优化。

机器视觉引导就是将相机作为机械手的"眼睛"，对产品不确定的位置进行拍照识别，将正确的坐标信息发送给机械手，引导其正确抓取、放置工件或按其规定路线进行工作。

本章使用机器视觉创新实训套件，抓取和识别形状不同的产品进行固定位置的组装，产品未组装效果如图 7-1a 所示，组装完成效果如图 7-1b 所示。

a) 产品未组装效果图　　　　　　　　b) 产品组装完成效果图

图 7-1　机器视觉创新实训套件

7.1　PLC 通讯与交互

7.1.1　PLC 及其通讯

1. PLC 定义

可编程逻辑控制器（Programmable Logic Controller，PLC）是一种为在工业环境下应用而设计的数字运算操作的电子系统。它采用了可编程的存储器,用来在其内部存储执行逻辑运算、顺序运算、计时、计数和算术运算等操作指令,并通过数字式或模拟式的输入和输出,控制各种类型的机械或生产过程。

2. PLC 常用协议和数据类型

PLC 产品种类繁多,其规格和性能也各不相同。在机器视觉系统中应用比较多的 PLC 品牌有基恩士、西门子、汇川、三菱、欧姆龙、倍福、施耐德等,各家 PLC 都有自己底层支持的专用通讯协议,如西门子支持的 S7 协议,基恩士支持的 MC 协议,施耐德、三菱和汇川支持的 MODBUS 协议等。因此,在 V+平台软件中当使用虚拟服务器来进行 PLC 通讯交互时,需要选择对应的协议类型才可以正常交互;当连接 PLC 设备进行交互时,视觉软件和 PLC 的关系即为服务器和客户端之间的通讯,需要将二者的 IP 地址配置在同一网段来实现正确连接。

PLC 采用了多种数据类型来支持对各种输入、输出和计算任务的处理。常用的数据类型及其作用见表 7-1,不同的数据类型能容纳的数据范围会有所差异。因此在编程过程中需要根据变量的大小和用途来配置其数据类型。

表 7-1　PLC 常用数据类型

序号	数 据 类 型	说　　明
1	Bool	表示存储器中位的状态为 1(True)或 0(False),占用 1 位存储空间
2	Word	16 位二进制数据类型,用于存储无符号的整数
3	Int16	16 位二进制数据类型,用于存储带符号的整数
4	String	可变长度的数据类型,用于存储文本数据,如图像存储路径、OK/NG 等
5	Real	32 位浮点型数据
6	Byte	8 位二进制数据类型,用于存储字符、整数等数据,数据范围 0~255

3. PLC 通讯

在 V+平台软件中建立 PLC 通讯的界面(以汇川 PLC 为例),如图 7-2 所示,主要分为以下三个模块:

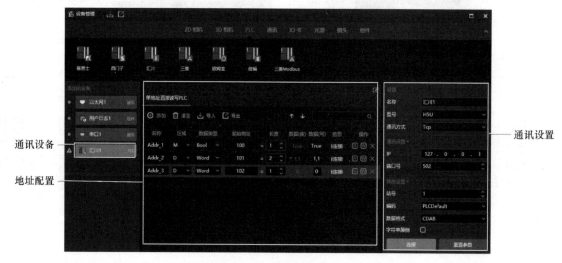

图 7-2　PLC 通讯配置界面

1）通讯设备：显示已添加的 PLC 设备。

2）地址配置：添加通讯交互所需的 PLC 地址，并完善其数据信息，具体说明见表 7-2。

3）通讯设置：配置所连接 PLC 的通讯参数，以保证正常交互，具体说明见表 7-3。

表 7-2　地址配置说明

序号	属性配置	说　明
1	添加	添加新的地址
2	清空	清空已添加的地址
3	导入	导入地址列表
4	导出	导出现存的地址列表
5	名称	自定义地址名称，如该地址是为了接收触发信号可定义为 Trigger
6	区域	PLC 寄存器的区域可选择 M 或者 DB（D）
7	数据类型	PLC 常用的数据类型，参考表 7-1
8	起始地址	存储数据的地址值
9	长度	该地址最大能接收的数据长度
10	数据（读）	显示 PLC 读到的数据
11	数据（写）	输入需要发送给 PLC 的数据，一般用于测试交互使用
12	信息	显示当前地址的数据读写状态
13	操作	"R"：读数据；"W"：写数据；"×"：删除该地址

表 7-3　通讯设置说明

模块	参数设置界面	参数及其说明
设置		名称：自定义所选 PLC 名称 型号：下拉选择所需型号 通讯方式：PLC 通讯常用方式 TCP、串口、UDP 等
通讯设置		IP：PLC 的 IP 地址 端口号：PLC 的端口号
其他设置		站号：用来区分多个 PLC 的一种序号 编码：编码方式的选择，常用的有 ASCⅡ、Unicode 等 数据格式：数据在位中的排列方式 字符串颠倒：是否需要将字符串顺序颠倒
状态		连接：参数配置完成，即可单击此处连接 PLC 重置参数：恢复参数至默认状态

4. PLC 通讯工具

在 PLC 控制系统中，PLC 扫描工具、读 PLC 工具及写 PLC 工具是三个重要的操作工具，如图 7-3 所示，其对应的属性配置说明见表 7-4。

（1）PLC 扫描工具　该工具执行的是一个循环性的操作。在规定的扫描周期内当设定地址的数据类型满足触发条件时，即触发后续流程的执行，不满足则 PLC 一直处于循环扫描状态。

a) PLC扫描	b)读PLC	c)写PLC

图 7-3 PLC 通讯工具

（2）读 PLC 工具 从 PLC 的指定地址读取数据来获取控制系统的状态信息和结果数据，如传感器信号、执行器状态等，并支持输出读取结果。

（3）写 PLC 工具 向 PLC 的指定地址写入适当的数据来实现开关电路、调整参数等有效控制。

表 7-4 PLC 通讯工具属性配置

工具	参数设置界面	参数及其说明
PLC 扫描		PLC：选择已连接的 PLC 设备 扫描间隔：设定扫描周期，单位可选秒和毫秒 地址：下拉选择已添加的地址 触发条件：即地址的数据满足触发条件即触发，可选"变化""匹配值""是"
读 PLC		PLC 设备：选择已连接的 PLC 设备 地址名称：下拉选择需要读数据的地址 是否匹配：一般为"否"，也可选择"是"并配置匹配值
写 PLC		PLC 设备：选择已连接的 PLC 设备 超时：超过时间未写成功则报错，单位 ms 地址名称：下拉选择需要写入数据的地址 写入值：可输入或链接前置工具的输出结果，写入值的类型要与地址中设置的类型保持一致

188

7.1.2 PLC 通讯调试工具

在缺少 PLC 设备的情况下，V+平台软件提供了"通讯调试"工具来代替 PLC 设备，从而实现不同品牌 PLC 通讯的模拟过程。通讯调试工具的界面如图 7-4 所示，默认状态下图中右侧为空白，为更详细说明该工具的使用方法，此时调试工具已连接虚拟服务器，其界面主要分为以下四个模块：

（1）通讯设备 罗列了常用的 PLC 品牌型号和相应的通讯协议，例如，图中的汇川 H5U 系列 PLC 和 Modbus 虚拟服务器的选择都是从通讯设备中选择添加。

（2）通讯设置 配置 PLC 的 IP 地址、端口号、站号、编码方式等基本通讯参数，V+

平台软件的通讯配置界面的参数需要和此处保持一致。

（3）数据交互　在地址栏中输入完整的地址，在值栏中输入需要写入的数据，单击对应类型的写入按钮即可进行单地址数据写入测试；同样在地址栏中输入完整的地址，单击对应类型的读取按钮即可进行单地址数据读取测试。

（4）高级功能　可进行批量地址的数据读取测试。

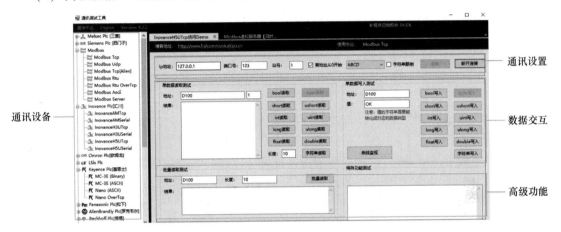

图 7-4　PLC 通讯调试工具界面

7.1.3　PLC 通讯与交互

PLC 通讯过程中涉及多个设备之间复杂信号的交互，时序问题一直是影响 PLC 系统稳定性的主要因素之一。因此，在设计 PLC 通讯的交互信号时需要合理安排数据转发和处理的顺序，必要时可画出方案执行的流程图作为参考。锂电池有无检测的流程图如图 7-5a 所示，对应的最基础的 PLC 通讯交互顺序图如图 7-5b 所示。

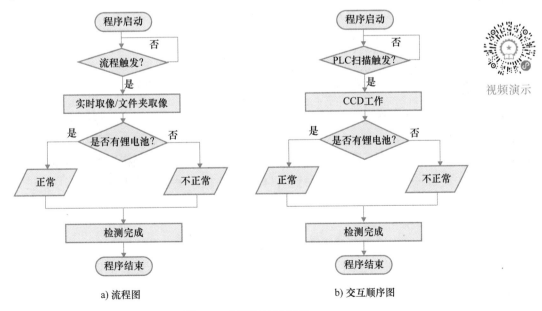

视频演示

图 7-5　方案设计逻辑图

方案设计的参考步骤如下：

1）单击"菜单"，单击"工具"，选择"'调试'PLC调试助手"，进入"通讯调试工具"界面，展开"Modbus"选项，双击该界面的"Modbus Server"，端口号为502，并单击"启动服务"。

注：本参考步骤基于汇川PLC完成，故此处通讯协议为Modbus。端口号可自行设置，此时虚拟服务器处于打开状态。

2）展开"Inovance Plc［汇川］"选项，单击"InovanceH5UTcp"并配置通讯参数。IP地址："127.0.0.1"；端口号："502"；站号："1"，单击"连接"。

3）在"设备管理"的PLC中双击"汇川"添加到设备区，配置其通讯参数如下：

① 名称："汇川1"；　　　② 型号："H5U"；　　　③ 通讯方式："Tcp"；

④ IP："127.0.0.1"；　　　⑤ 端口号："502"；　　　⑥ 站号："1"；

⑦ 编码："ASCⅡ"；　　　⑧ 数据格式："ABCD"。

待配置完成后，单击"连接"，添加所需地址并配置其相关数据区域和类型。

4）分别添加"PLC扫描""读PLC""分支"工具并相互链接。

5）配置"PLC扫描"工具。PLC："汇川1"；扫描间隔："120ms"；地址：下拉选择"M100"；触发条件："匹配值"，目标值："True"。

6）配置"读PLC"工具。PLC设备："汇川1"；地址名称："M103"。

7）配置"分支"工具，并添加和链接"写PLC"工具。分支数据：读PLC.Value，获取读到的Bool类型值，自动添加分支True和False，并分别链接两个"写PLC"工具。

8）配置"写PLC"工具。配置True分支后的"写PLC"工具。PLC："汇川1"；地址名称："D101"；写入值："1"。配置False分支后的"写PLC"工具。PLC："汇川1"；地址名称："D102"；写入值："2"。

9）在"通讯调试助手"的InovanceH5UTcp访问Demo页面进行触发测试。地址："M100"；值："True"；单击"bool写入"。

7.2　手眼标定

7.2.1　手眼标定原理

在第6章中，讲解过相机标定和四种坐标系的定义，即世界坐标系、相机坐标系、图像像素坐标系、图像物理坐标系。在尺寸测量过程中，仅涉及图像像素坐标系与图像物理坐标系之间的转换关系。而在本项目，需要获取图像像素坐标系与世界坐标系的转换关系，以确定相机和机械手之间的转换关系，从而获取目标工件在机械手坐标系中的位置信息，进行正确抓取。

1. 空间坐标系转换

（1）世界坐标系与相机坐标系转换　世界坐标系 $O_w\text{-}X_wY_wZ_w$ 与相机坐标系 $C\text{-}xyz$ 转换关系图如图7-6所示。利用旋转矩阵 $\boldsymbol{R}$ 与平移向量 $\boldsymbol{T}$ 可以实现世界坐标系中坐标点到相机坐标系中的映射。

如果已知相机坐标系中的一点 P 相对于世界坐标系的旋转矩阵 $\boldsymbol{R}$ 与平移向量 $\boldsymbol{T}$，则世界

坐标系与相机坐标系的转换关系为

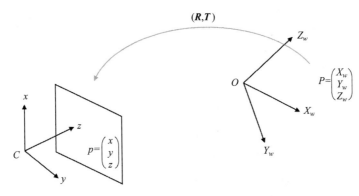

图 7-6　世界坐标系与相机坐标系转换关系图

$$\begin{pmatrix} x \\ y \\ z \\ 1 \end{pmatrix} = \begin{pmatrix} \boldsymbol{R} & \boldsymbol{T} \\ \boldsymbol{0}^{\mathrm{T}} & 1 \end{pmatrix} \begin{pmatrix} X_w \\ Y_w \\ Z_w \\ 1 \end{pmatrix} \tag{7-1}$$

式中，$\boldsymbol{R}$ 为 3×3 矩阵；$\boldsymbol{T}$ 为 3×1 平移向量；$\boldsymbol{0}^{\mathrm{T}} = (0 \quad 0 \quad 0)$；$P$ 点在相机坐标系的坐标为 (x, y, z)；P 点在世界坐标系的坐标为 (X_w, Y_w, Z_w)。

（2）相机坐标系与图像物理坐标系转换　成像平面所在的平面坐标系就是图像物理坐标系 $O\text{-}XY$，如图 7-7 所示。

空间中任意一点 P 在图像平面的投影 p 是光心 C 与 P 点的连接线与成像平面的交点，由透视投影可知

$$\begin{cases} X = \dfrac{fx}{z} \\ Y = \dfrac{fy}{z} \end{cases} \tag{7-2}$$

式中，x, y, z 为空间点 P 在相机坐标系下的坐标；X, Y 为空间点 P 对应在图像物理坐标系下的坐标；f 为相机的焦距，则由式（7-2）可以得到相机坐标系与图像物理坐标系间的转换关系为

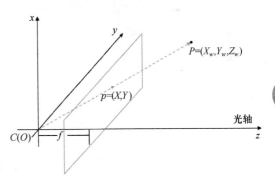

图 7-7　相机坐标系与图像物理坐标系转换示意图

$$z\begin{pmatrix} X \\ Y \\ 1 \end{pmatrix} = \begin{pmatrix} f & 0 & 0 & 0 \\ 0 & f & 0 & 0 \\ 0 & 0 & 1 & 0 \end{pmatrix} \begin{pmatrix} x \\ y \\ z \\ 1 \end{pmatrix} \tag{7-3}$$

（3）图像像素坐标系与世界坐标系转换　根据各坐标系间的转换关系，即式（7-1）、式（7-3）、式（6-2）可以得到世界坐标系 $O_w\text{-}X_wY_wZ_w$ 与图像像素坐标系 $o\text{-}uv$ 的转换关系为

$$z\begin{pmatrix} u \\ v \\ 1 \end{pmatrix} = \begin{pmatrix} \dfrac{1}{\mathrm{d}x} & 0 & u_0 \\ 0 & \dfrac{1}{\mathrm{d}y} & v_0 \\ 0 & 0 & 1 \end{pmatrix} \begin{pmatrix} f & 0 & 0 & 0 \\ 0 & f & 0 & 0 \\ 0 & 0 & 1 & 0 \end{pmatrix} \begin{pmatrix} \boldsymbol{R} & \boldsymbol{T} \\ \boldsymbol{0}^{\mathrm{T}} & 1 \end{pmatrix} \begin{pmatrix} X_W \\ Y_W \\ Z_W \\ 1 \end{pmatrix}$$

(7-4)

$$= \begin{pmatrix} a_x & 0 & u_0 & 0 \\ 0 & a_y & v_0 & 0 \\ 0 & 0 & 1 & 0 \end{pmatrix} \begin{pmatrix} \boldsymbol{R} & \boldsymbol{T} \\ \boldsymbol{0}^{\mathrm{T}} & 1 \end{pmatrix} \begin{pmatrix} X_W \\ Y_W \\ Z_W \\ 1 \end{pmatrix} = \boldsymbol{M}_1 \boldsymbol{M}_2 \begin{pmatrix} X_W \\ Y_W \\ Z_W \\ 1 \end{pmatrix} = \boldsymbol{M} \begin{pmatrix} X_W \\ Y_W \\ Z_W \\ 1 \end{pmatrix}$$

式中，$a_x = f/\mathrm{d}x$；$a_y = f/\mathrm{d}y$；$\boldsymbol{M}$ 为 3×4 矩阵，被称为投影矩阵；$\boldsymbol{M}_1$ 由参数决定 a_x、a_y、u_o、v_o，这些参数只与相机的内部结构有关，因此称为相机的内部参数（内参）；$\boldsymbol{M}_2$ 被称为相机的外部参数（外参），由相机相对于世界坐标系的位置决定。确定相机内参和外参的过程即为相机的标定。

2. 手眼标定

（1）坐标系转换——相机图像坐标系和机械手世界坐标系的转换　相机与机械手坐标系的转换即为手眼标定，其结果的好坏直接决定了定位的准确性。手眼标定包括眼在手上（移动相机）和眼在手外（固定相机）两种相机安装方式，如图 7-8 所示。

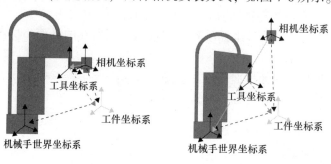

a）眼在手上（移动相机）　　　　b）眼在手外（固定相机）

图 7-8　手眼标定不同的相机安装方式

相机与机械手之间的坐标系转换标定，通常使用多点标定，常见的有九点标定、四点标定等，标定转换工具可以使用标定板或是实物，本项目仅介绍基于标定板的多点标定方法，即机械手移动 X 轴、Y 轴，分别取标定板上同一参照点对应的 n 组图像坐标和 n 组机械手世界坐标，一一对应换算得到坐标系转换关系，完成标定。

1）"眼在手上"模式：相机安装于机械手末端，标定时标定板不移动，只需要机械手移动多点位置进行标定即可，手眼标定的结果为相机坐标系与机械手工具坐标系的关系，如图 7-8a 所示。

2）"眼在手外"模式：相机位置固定，机械手与标定板保持相对固定，机械手末端在相机视野范围内移动多点位置进行标定，手眼标定的结果为相机坐标系与机械手世界坐标系的关系，如图 7-8b 所示。

（2）旋转中心获取　旋转中心指物体旋转所绕的固定点。若机械手使用世界坐标系，旋转中心就是法兰中心（机械手末端旋转轴）；若使用工具坐标系，旋转中心就是工具中心。物体绕旋转中心旋转时，物体的 X、Y 坐标也会发生改变，若想做到一步到位，则需要通过旋转中心计算出物体旋转后 X、Y 坐标发生的偏移。

旋转中心的计算：取圆周上的两点和夹角（或多点），通过几何公式求得与圆心坐标，即为旋转中心的坐标。已知圆周上两点 P_2 和 P_3 的坐标、夹角 $\angle P_2 P_1 P_3$ 的值，即可求出 P_1 点（旋转中心）的坐标，如图 7-9 所示。

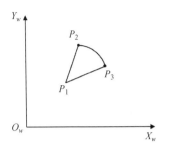

图 7-9　旋转中心计算

7.2.2　手眼标定工具

"手眼标定"工具用于进行多点标定和旋转中心查找，预编辑程序后，无需手动获取标定片上参照点的图像像素坐标和机械手坐标，即可通过收发指令的形式进行手眼自动标定，经过计算后获取坐标系的转换关系，如图 7-10 所示。

视频演示

a) 图标　　　　　　　　　　　　b) 标定配置界面

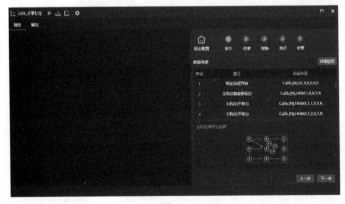

c) 其他项配置界面

图 7-10　"手眼标定"工具图标及界面

7.2.3　光源设定工具

1. 光源控制器

使用光源控制器的主要目的是给光源供电，控制光源的亮度及照明状态（亮和灭），还可以通过给控制器触发信号来实现光源的频闪，进而大大延长光源的寿命。光源控制器按照功能可以分为数字光源控制器、模拟光源控制器、恒流光源控制器、频闪光源控制器等。其中最常用的光源控制器为模拟光源控制器和数字光源控制器，如图 7-11 所示。

（1）模拟光源控制器　该控制器输出没有任何脉冲成分的电压信号，且信号在其输出状态下是一种连续状态。

1）产品特点：①亮度无极模拟电压调节；②提供持续稳定的电压源，可用于 1/10000 的快门；③外触发灵活，高低电平可选，适应不同的外部传感器；④过流、短路保护功能；⑤体积小，操作简单。

2）适用范围：①可用于驱动小功率光源；②高速相机拍摄照明驱动；③低成本照明方案；④小尺寸线光源驱动。

a)模拟光源控制器　　b)数字光源控制器

图 7-11　模拟光源控制器和数字光源控制器

该控制器通常无法直接使用软件进行控制，需要手动调整相关旋钮来控制光源的亮度，如机器视觉实训基础套件使用的光源控制器。

（2）数字光源控制器　输出的是一个有周期性变化规律的脉冲电压信号，也就是 PWM 信号。

1）产品特点：①PWM 信号输出，改变 PWM 占空比来调整光源亮度；②亮度控制方式灵活，可通过面板按键、串口通信调节光源亮度；③外触发采用高速光耦隔离设计，提供准确、可靠的触发信号；④集过流、过载、短路保护功能于一体；⑤具有掉电保护功能，自动记忆关机前的设定值。

2）适用范围：①可用于驱动小、中功率光源；②触发响应快，擅长高速触发拍摄场合；③面阵相机拍摄照明驱动；④不可用于线阵相机照明驱动。

该控制器可以通过串口或网口、USB 等方式连接软件，在软件中输入相关指令和参数来控制光源通道及亮度，如机器视觉创新实训套件使用的光源控制器。

2. 光源设定工具

本节介绍控制光源的相关设备和工具，分别为"设备管理"中的"德创"光源控制器，以及"光源设定"工具，如图 7-12 所示。

a)"设备管理"中的"德创"光源控制器　　b)"光源设定"工具

图 7-12　有关光源设定的相关设备和工具

"设备管理"中的"德创"光源控制器的相关参数配置见表 7-5。

表 7-5　"设备管理"中的"德创"光源控制器相关参数

序号	参数设置示意图	参数说明
1	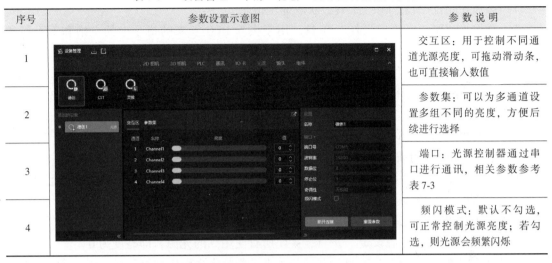	交互区：用于控制不同通道光源亮度，可拖动滑动条，也可直接输入数值
2		参数集：可以为多通道设置多组不同的亮度，方便后续进行选择
3		端口：光源控制器通过串口进行通讯，相关参数参考表 7-3
4		频闪模式：默认不勾选，可正常控制光源亮度；若勾选，则光源会频繁闪烁

"光源设定"工具相关参数配置见表 7-6。

表 7-6　"光源设定"工具相关参数

序号	参数设置示意图	参数说明
1	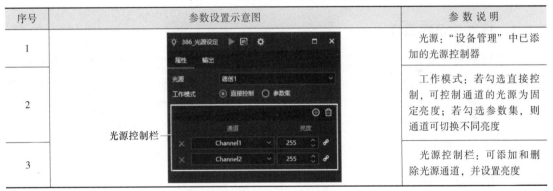	光源："设备管理"中已添加的光源控制器
2		工作模式：若勾选直接控制，可控制通道的光源为固定亮度；若勾选参数集，则通道可切换不同亮度
3		光源控制栏：可添加和删除光源通道，并设置亮度

195

7.2.4　手眼标定程序编写

V+平台软件的手眼标定程序如图 7-13 所示。

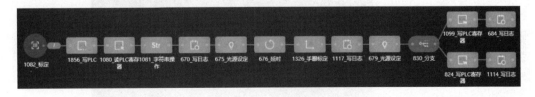

图 7-13　手眼标定程序

其程序编写流程如下：

1) "设备管理"内添加并设置汇川 PLC、德创相机和光源等相关设备。
2) 添加并配置"PLC 扫描"工具（重命名为"标定"），以触发手眼标定

视频演示

程序流程。

3）添加并配置"写 PLC"工具，与 PLC 进行交互。

4）添加并配置"读 PLC"工具，获取标定指令。

5）添加并配置"字符串操作"工具，用于去除 PLC 发来的指令中的空格和不可打印字符。

6）添加并配置第一个"写日志"工具，记录字符串操作工具相关信息。

7）添加并配置"光源设定"工具，打开所有使用到的光源，即将通道 Channel3 的亮度设为 100。

8）添加并配置"延时"工具，延时 150ms，防止光源频闪速度太快。

9）添加并配置"手眼标定"工具 1~7 的标定配置信息。

10）添加并配置"手眼标定"其他项："指令""执行"和"结果"页面无需配置；依次配置"校准"和"模板"页面。

11）添加并配置第二个"写日志"工具，记录手眼标定工具相关信息。

12）添加并配置"光源设定"工具，关闭所有使用到的光源，即亮度为 0。

13）添加并配置"分支"工具，并编写分支 1 和分支 2 对应的程序。

7.3 标准位示教

7.3.1 标准位示教原理

在实际工业应用中，机械手或移动模组常装配吸盘、夹爪等工具来抓取产品或补正产品的偏移位置，不可避免地存在抓取的点位同末端旋转轴不在同一轴中心的情况。此时就需要做标准位示教（也称为"训练吸嘴"），即通过对示教产品进行特征定位，建立标准位置的特征模板。此模板包含产品的图像坐标和机械手世界坐标。使用自动引导抓取时，可根据此模板位置进行计算，实现正确抓取。

7.3.2 标准位示教工具

V+平台软件的"标准位示教"工具如图 7-14 所示，其相关参数介绍见表 7-7。

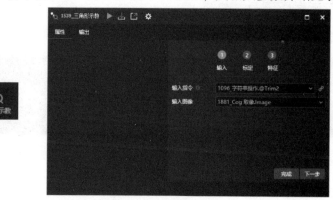

a）图标　　　　　　　　　　b）界面

图 7-14　"标准位示教"工具图标及界面

196

表 7-7 "标准位示教"工具参数介绍

名称	参数设置示意图	参数说明
输入		输入指令：指定或关联信号的数据格式。鼠标放置于 图标时，可看到该工具需要的参考指令为"Train, N, TTN, C, O, X, Y, A"，其中"X, Y, A"分别代表把产品放置到示教位置时运动机构的坐标 输入图像：把产品放置在示教位置后相机在固定拍照位取到的图像
标定		使用标定：若选择是，需选择当前机位对应的标定文件 标定文件列表：由"手眼标定"工具自动生成，标定文件名对应"手眼标定"工具中的机位编号 ：刷新按钮，单击可刷新列表中的标定文件 ：打开文件夹，单击可查看本地文件夹下的手眼标定文件和标准位示教文件 高级设置：单击可查看底层工具算法
特征		模式选择："通用"为使用简单工具获取示教点，"高级"为使用 ToolBlock 工具获取示教点 模板操作：可导入或导出此示教文件 X/Y/R：链接 ToolBlock 的"［Outputs］"输出的示教点的 X/Y/R 结果图像：可选择左侧 ToolBlock 的图像缓冲区作为结果图像

7.3.3 标准位示教程序编写

本节仅介绍三角形物料的标准位示教程序，如图 7-15 所示，可供其他形状物料程序参考。

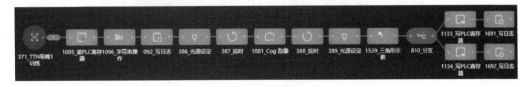

图 7-15 标准位示教程序

其程序编写流程如下：

1) 添加并配置"PLC 扫描"工具（重命名为"TTN 吸嘴 1 训练"），以触发手眼标定程序流程。

视频演示

2）添加并配置"读 PLC"工具，获取标准位示教指令。

3）添加并配置"字符串操作"工具，用于去除 PLC 发来指令中的空格和不可打印字符。后续可添加"写日志"工具将该输出写入用户日志。

4）添加并配置"光源设定"工具，控制通道 Channel3 的亮度为 100，并延时 100ms。

5）添加"Cog 取像"工具并配置，"移动 CCD"相机采集图像。

6）延时 100ms，并添加"光源设定"工具，关闭所有使用到的光源，即亮度全部为 0。

7）添加并配置"标准位示教"工具（重命名为"三角形示教"），配置其"输入""标定"和"特征"页面。

8）添加并配置"分支"工具，其使用数据为"标准位示教 . Successfully"，则系统自动添加分支 True 和分支 False，并编写两个分支对应的程序。

7.4 移动引导抓取

7.4.1 引导原理

1. 引导类型

在机器视觉引导的应用场景中，相机的安装方式可选择固定安装或随机构移动安装，也可以选择单个或多个相机同机构进行配合。其中，与机械手或移动模组相结合的应用最为普遍。关于此类场景，视觉定位引导可大致分为四种模式：引导抓取、引导组装、位置补正、轨迹运算定位引导，如图 7-16 所示。

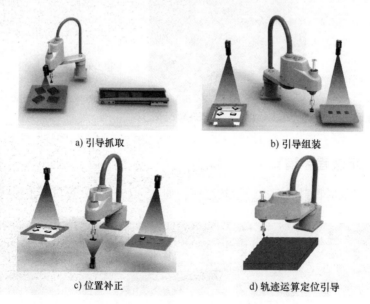

a) 引导抓取   b) 引导组装

c) 位置补正   d) 轨迹运算定位引导

图 7-16　机器视觉定位引导模式

（1）引导抓取　相机拍照计算机械手抓取位置，机械手根据视觉运算数据抓取。例如，在料盘中抓取，对流水线上产品进行抓取等。

（2）引导组装　相机拍产品的上下两部分，通过标定计算出机械手需要移动的距离，完成贴合动作。如屏幕贴合、产品组装等。

（3）位置补正（又称纠偏补正）　机械手抓取产品，移至相机视野下拍照，视觉计算机械手移动位置，将产品放置到固定位置。

（4）轨迹运算定位引导　相机拍照（一次或多次），计算出产品的中心和角度，根据设定好的轨迹点，计算出产品在不同状态下的轨迹点的位置。如点胶轨迹运算、焊接轨迹运算等。

2. 引导原理

手眼标定是引导能否正确运行的关键因素，在标定坐标下，相机拍照获取当前图像，计算产品的当前图像坐标 X、Y、R，并根据此图像坐标，模板坐标等信息进行计算，获取补偿值。产品当前位置同模板位置的差如图 7-17 所示。其中 $C(c,d)$ 为模板图像坐标，$A(x,y)$ 为当前图像坐标，且夹角都为已知。

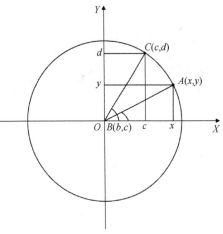

图 7-17　根据模板位置进行计算引导抓取

7.4.2　引导相关工具

1. 特征定位工具

特征定位工具的页面布局及配置和"标准位示教"工具类似，不再赘述。不同之处在于二者输出的坐标合集格式不同，在后续的"引导计算"工具中，可选择调用的文件不同，二者不可混用。特征定位工具主要用于引导组装、抓取、补正等场景对产品特征的定位，并最终输出特征点的坐标与角度。

2. 引导计算工具

用户在 V+平台软件的"引导计算"工具中选择对应的引导模式，配置输入数据，即可完成引导计算，实现正确的引导动作，如图 7-18 所示。此外，用户还可按需启用补偿或防呆（设定安全范围）功能，对计算结果进行补偿值的加减或防呆处理。

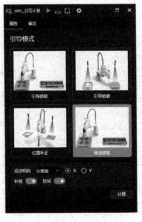

a）图标　　　　b）模式选择界面　　　　c）其他项配置界面

图 7-18　"引导计算"工具图标和界面

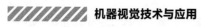

7.4.3 移动抓取程序编写

本节仅介绍三角形物料的移动抓取程序，如图 7-19 所示，可供其他形状物料程序参考。

图 7-19　三角形物料的移动抓取程序

其程序编写流程如下：

1）添加并配置"PLC 扫描"工具（重命名为"移动抓取"），以触发手眼标定程序流程。

2）添加并配置"读 PLC"工具，获取移动抓取指令。

3）添加并配置"字符串操作"工具，用于去除 PLC 发来指令中的空格和不可打印字符。后续可添加"写日志"工具将该输出写入用户日志。

4）添加并配置"光源设定"工具，控制通道 Channel3 的亮度为 45，并延时 100ms。

5）添加"Cog 取像"工具并配置，"移动 CCD"相机采集图像。

6）延时 100ms，并添加"光源设定"工具关闭所有使用到的光源，即亮度全部为 0。

7）添加并配置"特征定位"工具（重命名为"三角形"），配置其"输入""标定"和"特征"页面。可以将"7.3.3　标准位示教程序编写"中"三角形示教"工具的"特征"页面内容"导出"对应模板，并在"特征定位"工具的"特征"页面"导入"该模板。

8）添加并配置"引导计算"工具，配置其"模式选择""示教"和"计算"页面，而"补偿"和"防呆"页面无需配置。若"特征定位"工具输出 R 为转换后的角度值，在"计算"页面可选择"简易模式"；若无法使用"特征定位"工具输出的数据集合，例如，图像 R 为弧度值，需要通过"数值计算"进行转换，则选择"通用模式"，此时需要添加并配置"格式转换"工具，将其原始数据格式全部转化为 Real 类型。

9）添加并配置"写 PLC"工具，与 PLC 进行交互。

10）添加并配置"分支"工具，其使用数据为"三角形 . Successfully"，则系统自动添加分支 True 和分支 False，并编写两个分支对应的程序。

本 章 小 结

本章着重学习了 PLC 通讯交互、手眼标定、标准位示教、引导的原理，并使用 V+平台软件实现了从 PLC 通讯到自动移动引导抓取的功能。V+平台软件的手眼标定、标准位示教、特征定位、引导计算等特色工具，可以解决多种复杂环境下的目标识别和定位、抓取姿态的控制等问题，并通过定制化的视觉处理算法的搭建使程序和流程变得更为标准化和简洁化。

机器视觉引导应用不仅可以应用于工业自动化生产线，还可以应用于智能仓储、无人驾驶等场景。未来需要进一步推动机器视觉引导应用的发展，继续研究更先进的视觉处理算法和机器人技术，提高系统的智能化和适应性。同时，也可以结合实际应用需求，利用 V+平

视频演示

台软件开展更加深入的实践探索和创新，推动机器视觉引导技术在更多领域得到应用，为自动化生产和服务等领域带来更多的创新和价值。

习　　题

1. 标定的意义是什么？
2. 标准位示教的意义是什么？在什么样的引导场景中需要标准位示教？
3. 是否有其他方法找到锂电池的中心点？
4. 引导计算中有哪些场景？分别需要获取何种坐标再进行计算？

第 8 章

机器视觉软件二次开发应用

机器视觉软件的二次开发意味着根据特定的需求定制软件功能，使其更加适用于特定的行业和场景。二次开发可以通过自定义算法模块、系统集成、性能优化、数据定制等方式，提供更丰富的功能和更好的性能，进一步推动机器视觉技术的应用。例如，在工业领域，可以通过二次开发增加对特定零件的检测和质量控制功能；在教育领域，通过二次开发培养学生的创新能力，满足多样化的教学需求。本章主要介绍 V+平台软件中图像处理算法的二次开发过程。

8.1 机器视觉软件二次开发功能及其流程

二次开发功能使得 V+平台软件更加灵活和丰富，支持用户导入自己的算法，根据实际情况自由选择和实现个性化的定制功能，主要包括硬件设备、工具模块、HMI 控件及图像处理算法四大类。

（1）硬件设备 支持对机器视觉系统常用相机、光源控制器、IO 板卡或通信模块的自定义开发和调试使用。

（2）工具模块 虽然 V+平台软件中已有功能齐全的模块化工具，使用者依然可根据功能要求定制个性化工具到方案设计界面，实现工具的可视化和集成化。

（3）HMI 控件 HMI 交互界面的控件二次开发功能可为现有控件添加额外的功能和特性或自定义控件的外观、交互方式、事件响应等属性，以此来提供更舒适、高效和符合特定需求的人机交互体验。

（4）图像处理算法 图像处理算法的二次开发功能可实现对开源库 OpenCVSharp 的 dll 文件的直接调用，也可以调用基于 OpenCVSharp 或 MATLAB 自主封装的算法 dll 文件等。

通常情况下，V+平台软件的二次开发流程主要分为八个步骤，如图 8-1 所示。具体的实现过程可参考德创官网的实例演示说明，本教材围绕图像处理算法的开发做详细说明。

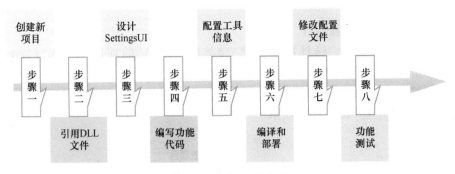

图 8-1　二次开发流程

8.2　机器视觉软件二次开发应用

随着人工智能技术的不断发展，通用的机器视觉软件并不能完全满足所有应用场景的需求。不同行业、不同业务场景有着各自的特点和需求。因此，对机器视觉软件进行二次开发（即在基础软件上进行定制和优化）变得越发重要。深入理解机器视觉软件的二次开发过程，将有助于开发人员和企业更好地利用机器视觉技术，提升产品和服务的竞争力，并推动机器视觉技术在各个行业的广泛应用和发展。

8.2.1　引用基于 Visual Studio 封装的算法库

Visual Studio（简称"VS"）是由 Microsoft 开发的程序集成开发环境（IDE），包含了一系列工具和功能，用于开发各种类型的软件，包括桌面应用程序、Web 应用程序、移动应用、游戏和基于云的服务。VS 支持多种编程语言，如 C#、C++、JavaScript、Python 等。同时也提供了广泛的机器视觉库和框架，如 OpenCV、OpenCVSharp、TensorFlow 等。这些库和框架具有强大的图像处理和机器学习算法，方便开发人员快速构建和部署机器视觉应用程序。借助 VS，开发人员可以高效地编写、调试和部署应用程序。本节将实现在 V+平台软件中引用 VS 2019 封装的算法库实现图像的二值化功能。

OpenCVSharp 是一个基于 OpenCV（开源计算机视觉库）的 C#包装库，完整地封装了 OpenCV 库中的功能，包括图像读取、显示和保存，图像处理（滤波、边缘检测、形态学运算等），特征检测和描述子提取，图像匹配和变换，摄像头捕获和视频处理，以及更高级的计算机视觉技术（目标检测、人脸识别等）等。通过 OpenCVSharp，可以在 C#环境中使用 OpenCV 的各种图像处理和计算机视觉功能。

1. 基于 VS 封装的算法库

图像的二值化可将复杂的图像信息简化为黑白或者两个灰度级别的信息，便于进行后续的形状分析、边缘检测、目标识别等操作。二值图像中的目标物体通常以白色（或亮色）表示，背景以黑色（或暗色）表示，以此来更清晰地区分目标和背景。相比于彩色图像，能够节省大量的存储和传输成本。

图像二值化的过程首先需要将图像的类型转换为灰度图像，然后设定二值化的阈值，当图像中的灰度值大于设定的阈值时，将灰度值映射为 255，反之为 0。在 VS 2019 中封装二

203

值化算法的参考过程如下：

1）在 VS 2019 中创建新项目。

① 打开 VS 2019 软件，选择用于创建 C#类库（.dll）的项目"类库（.NET Framework）"，单击"下一步"，如图 8-2a 所示。

② 在配置新项目界面，项目名称、位置可自定义，框架选择".NET Framework 4.7.2"，单击"创建"，如图 8-2b 所示。

a) 类库选择   b) 配置新项目

图 8-2　创建新的项目

2）OpenCVSharp 视觉库的配置。

① 在解决方案资源管理器窗口选中"BinaryClass 类"，鼠标右键单击"管理 NuGet 程序包"，如图 8-3a 所示。

 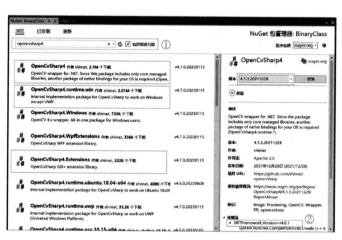

a) 类库选择   b) 配置新项目

图 8-3　OpenCVSharp 视觉库的配置

② 在图 8-3b 的搜索框①处输入"OpenCVSharp4"，即弹出与其相关的视觉库列表，选中列表中的"OpenCVSharp4"，在右侧对应出现版本选择框，下拉选择"4.5.3.20211228"→单击"安装"即可。

注：在②处可以看到该版本的 OpenCVSharp4 所支持的 .NETFramework 版本为 4.6.1，低于项目创建时所选择的 4.7.2 版本，因此是兼容的。

同理，依次安装 "OpenCVSharp4. Extensions" 和 "OpenCVSharp4. runtime. win"，其对应的版本与 "OpenCVSharp4" 保持一致。

3）编写 BinaryClass 算法的功能性代码。双击打开①处 "Class1. cs"→在②处添加需要使用的命名空间→在③处编写二值化的实现代码，如图 8-4 所示。

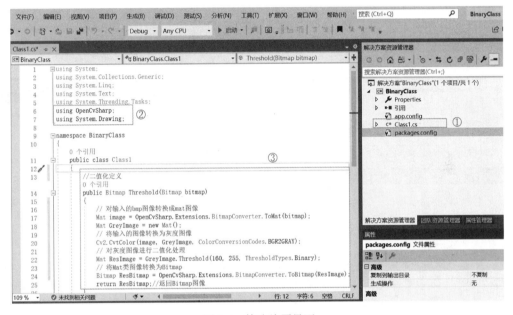

图 8-4　算法编写界面

4）生成 dll 文件。在图 8-4 所示界面的菜单栏单击 "生成"→"生成解决方案"，即可在项目所在的文件中生成所需的 dll 文件，其中 BinaryClass.dll 是将在 V+平台软件中进行调用的，如图 8-5 所示。

注意：过程中可能遇到的问题是当使用的 VS 版本较低时（如 VS2015），NuGet 安装 OpenCVSharp4 及其相关库可能会报错，此时可以采用手动下载并安装的方式来完成 OpenCVSharp4 及其相关库的配置。

① 从官网（github）查找与 "第二步" 对应的 OpenCVSharp4 的版本并下载安装包→参照 "第一步" 新建项目，选中项目中①处的 "引用"，

图 8-5　生成 dll 文件

鼠标右键单击→添加引用→单击②处的 "浏览"→选中下载的安装包中的 OpenCvSharp.dll 和 OpenCvSharp. Extensions.dll→单击 "添加"→单击 "确定"，如图 8-6 所示。

② 再次添加引用→单击 "程序集"，勾选 System. Drawing→单击 "确定"，如图 8-7 所

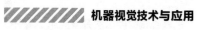

示。至此关于 OpenCVSharp4 的安装完毕。

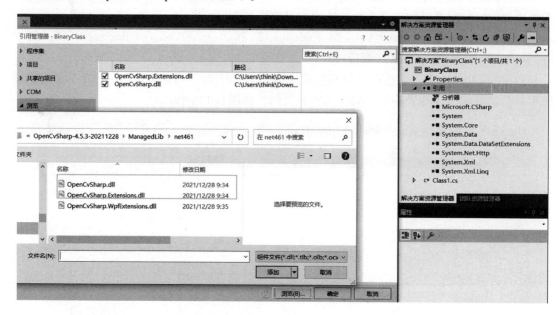

图 8-6　添加 OpenCVSharp 引用

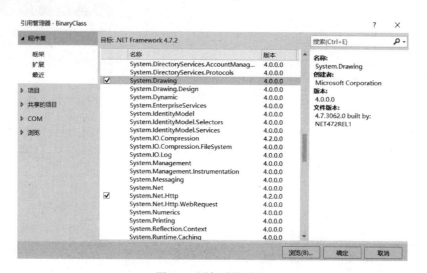

图 8-7　添加系统引用

2. V+平台软件引用算法库

在 V+平台软件中创建新的解决方案，保存并命名为"第 8 章-机器视觉二次开发应用-×××"。该方案的功能之一是实现对采集到的图像进行二值化处理。其参考过程如下。

1）添加方案所需的工具，如图 8-8a 所示。依次添加"001_内部触发""002_通用取像"和"003_C#脚本"工具并按顺序相链接。

2）配置通用取像工具属性。其中"源"选择"文件"，文件选择根路径下的"Images\DCCK.png"，单击"运行"，预览图像效果，如图 8-8b 所示。

a) 添加方案所需工具

b) 配置通用取像工具属性

图 8-8　工具的添加和配置

3）C#脚本工具添加引用，如图 8-9 所示。

a) 添加"BiaaryClass.dll"引用

b) 添加"System.Drawing"引用

图 8-9　C#脚本工具添加引用

① 单击"添加"→单击"浏览..."→选择 VS 封装的算法"BianrryClass.dll"，单击"打开"→单击"确认"。

② 同样的方法，单击"添加"，选择"系统"→勾选"System. Drawing"→单击"确认"，至此完成图像二值化所需引用的添加。

4）C#脚本工具添加输入和输出，如图 8-10 所示。

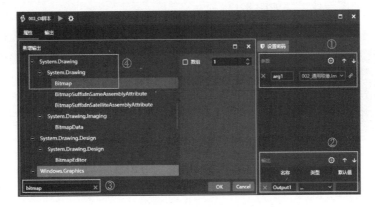

图 8-10　C#脚本工具输入输出添加

① 在①处添加输入图像，单击"添加"→单击"链接"，链接"002_通用取像"工具的输出"Image"。

② 在②处添加输出 Bitmap 类型图像，单击"添加"→单击"类型"栏选择"…"→在③处输入"bitmap"快速搜索对应的输出类型，在④处选择"Bitmap"→单击"OK"。

5）C#脚本工具书写脚本。在①处添加需要使用的命名空间，在②处写入脚本内容，单击"编译"，结果栏中出现"编译成功"表示脚本内容和格式无误，如图 8-11 所示。

图 8-11　C#脚本工具书写脚本

6）运行测试。单击"运行"使得方案处于运行状态，选中"001_内部触发"工具，鼠标右键单击选择"触发"，则可以看到三个工具都已成功运行，并且可直观的看到"003_C#脚本"工具输出的图像效果，如图 8-12a 所示。

a) 运行方案查看效果

b) 错误提示及纠正方法

图 8-12　运行测试

在运行过程中，若 "003_C#脚本" 工具运行失败，并出现如图 8-12b 所示的错误信息提示，其解决方法如下：

① 当采用 NuGet 程序包安装的 OpenCVSharp4 时，对应的解决方法为将图中①所示的 OpenCvSharpExtern.dll 拷贝到 V+平台软件安装路径下的 "Libs" 文件夹中，重启 V+平台软件并重新编译 003_C#脚本工具。

② 当 OpenCVSharp4 是通过手动下载并安装的方式配置时，需要先关闭 V+平台软件，将下载包中的②所示的 OpenCvSharpExtern.dll 拷贝到 V+平台软件安装路径下的 "Libs" 文件夹中，重启 V+平台软件并重新编译 003_C#脚本工具。

7）HMI 界面基础控件添加，如图 8-13 所示。

① 单击 V+平台软件菜单栏的 "界面"，从空白界面创建新的 HMI 界面。

② 添加基础控件中的 "单行文本"，并输入内容 "机器视觉二次开发应用"，可对其进行颜色填充和字体设置→添加基础控件中的 "运行/停止"。

③ 添加基础控件中的 "动作按钮" 并配置其属性。

8）HMI 界面原始图像显示。添加运行结果中的 "图像" 并配置其图像源为 "002_通用图像" 工具的输出 "Image"，如图 8-14 所示，其中①处的标签是由基础控件中的 "单行文本" "形状" 和 "直线" 组合而成。

图 8-13　界面基础控件添加

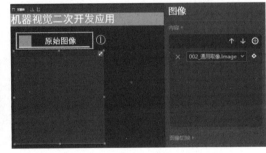

图 8-14　原始图像显示控件添加

9）HMI 界面处理后图像显示。添加运行结果中的 "图像" 并配置其图像来源为 "003_C#脚本" 工具的输出 "Output1"，保存解决方案，如图 8-15 所示。

10）运行解决方案查看结果。单击 V+平台软件的 运行模式 图标→单击 "运行"，启动解决方案→单击 "二值化处理"，运行解决方案，使得原始图像和处理后图像的效果对比更加明显，如图 8-16 所示。

图 8-15　处理后图像显示控件添加

图 8-16　运行结果对比

8.2.2 引用 dll 文件

本节以彩色图像转换成灰度图像为例，详细介绍 V+平台软件通过引用 OpenCVSharp 的 dll 文件来直接进行图像处理的过程。

1）添加方案所需的工具，如图 8-17a 所示。在解决方案"第 8 章-机器视觉二次开发应用-×××"基础上，依次添加"004_内部触发""005_通用取像"和"006_C#脚本"工具并按顺序相链接。

2）配置 005_通用取像工具属性。其中"源"选择"文件"，文件选择根路径下的"Images\DCCK.png"，单击"运行"，预览图像效果，如图 8-17b 所示。

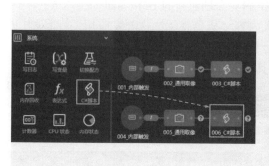

a) C#脚本工具的添加

b) 通用取像工具属性配置

图 8-17　工具的添加和配置

3）C#脚本工具添加引用，如图 8-18 所示。

① 双击打开"006_C#脚本"工具，单击"添加"→单击"浏览..."→选择根路径下的 OpenCvSharp.dll 和 OpenCvSharp. Extensions.dll，单击"打开"→单击"确认"。

② 同样的方法，单击"添加"，选择"系统"→勾选"System. Drawing"→单击"确认"，至此完成图像类型转换所需引用的添加。

a) 添加OpenCVSharp4相关引用

b) 添加System.Drawing引用

图 8-18　C#脚本中引用的添加

4）C#脚本工具添加输入和输出，如图 8-19 所示。

① 在①处添加输入图像，单击"添加"→单击"链接"，链接"005_通用取像"工具的

输出"Image"。

②　在②处添加输出 Bitmap 类型图像，单击"添加"→单击"类型"栏选择"..."→在③处输入"bitmap"快速搜索对应的输出类型，在④处选择"Bitmap"→单击"OK"。

图 8-19　006_C#脚本工具输入输出添加

5）C#脚本工具编写脚本。在①处添加需要使用的命名空间，在②处写入脚本内容，单击"编译"，结果栏中出现"编译成功"表示脚本内容和格式无误，保存解决方案，如图 8-20 所示。

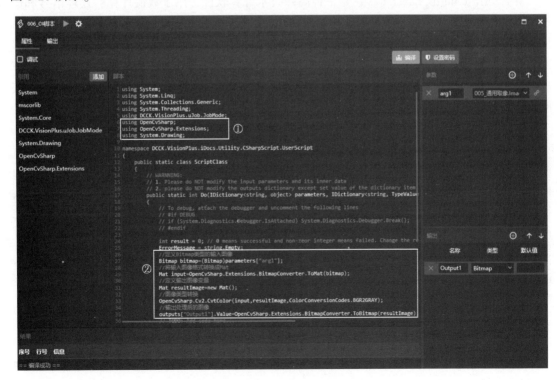

图 8-20　006_C#脚本工具编写脚本

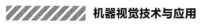

6) 保存方案并运行测试，如图 8-21a 所示。

① 保存解决方案并单击"运行"使得方案处于运行状态，选中"004_内部触发"工具，鼠标右键单击选择"触发"，则可以看到其所在流程已成功运行，并且可以看到"006_C#脚本"工具输出的图像效果。

② 为更直观的显示效果，可参考 8.2.1 节进行 HMI 界面设计，增加"006_C#脚本"输出图像显示，在运行模式下，启动解决方案→单击"类型转换"，运行解决方案，使得原始图像和处理后图像的效果对比更加鲜明。

a) 设计模式运行效果   b) 运行模式运行效果

图 8-21 类型转换运行效果

8.2.3 基于 MATLAB 的二次开发应用

MATLAB（Matrix Laboratory）是一种高级技术计算软件，用于数值计算、处理信号和图像、可视化和编程。它提供了丰富的工具箱和函数集，使用户能够完成各种科学和工程计算任务，同时 MATLAB 也支持用户封装算法以便重复使用或与其他代码共享。本节采用将算法封装为一个独立函数的方法进行二次开发。在函数中定义输入参数和输出结果，并实现算法的具体逻辑。这样，在 V+平台软件中只需调用此函数，并传入相应的输入参数，即可获取算法的结果。其参考流程如下：

1. MATLAB 封装算法库

图像边缘检测的目的是检测目标图像信息的变化位置，以便能够准确的反映出图像的重要特性变化。常见的边缘检测算法可以分为一阶和二阶边缘检测算法，一阶边缘检测算法包括 Roberts 算法、Sobel 算法、Prewitt 算法；二阶边缘检测算法包括 Laplaciann 算法、Canny 算法、LOG 算法等。本节采用 Canny 算法基于 MATLAB 进行图像中特征的边缘检测，并实现在 V+平台软件中调用开发的算法，其参考步骤如下。

1）创建边缘检测功能函数，如图 8-22 所示。打开 MATLAB，在主页中单击"新建"，选择"函数"，在编辑器中完成函数的功能编写，单击"保存"，将会以功能函数的名字"Edge"为文件名称进行保存。

2）测试并修改功能函数。

① 单击"运行"，可查看该函数所实现的图像处理结果，如图 8-23 所示。

② 在封装为 dll 文件之前需要注释图像的输入路径获取和结果图像显示代码，如图 8-24 所示。

a) 创建功能函数

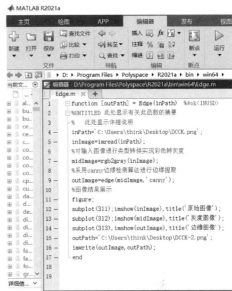

b) 编辑功能函数

图 8-22 创建和编辑功能函数

a) 原始图像

b) 灰度图像

c) 边缘图像

图 8-23 功能函数运行结果

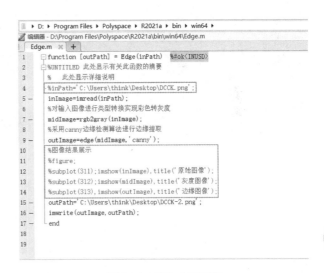

图 8-24 修改功能函数

213

3) 封装边缘检测功能函数, 如图 8-25 所示。

① 在命令行窗口输入 "deploytool", 回车→选中 "Library Compiler"。

② 选中①处的 ".NET Assembly", 单击②处的 "➕", 在弹出的窗口中选择已保存的功能函数 "Edge. m", 单击 "打开"→单击③处的 "Package", 即可在指定位置生成封装的 dll 文件。

2. V+平台软件引用算法库

1) 添加方案所需的工具, 如图 8-26a 所示。在解决方案 "第 8 章-机器视觉二次开发应用-×××"基础上，依次添加"007_内部触发""008_通用取像"和"009_C#脚本"工具并按顺序相链接。

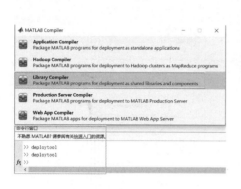

a) 封装函数的命令输入

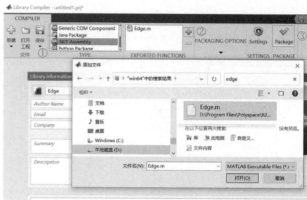

b) 完成封装函数

图 8-25　封装边缘检测功能函数

2）配置008_通用取像工具属性。其中"源"选择"文件"，文件选择根路径下的"Images\DCCK.png"，单击"运行"，预览图像效果，如图 8-26b 所示。

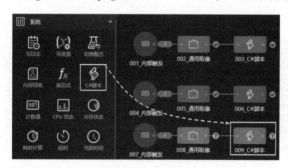

a) C#脚本工具的添加

b) 通用取像工具属性配置

图 8-26　工具的添加和配置

3）C#脚本工具添加引用，如图 8-27a 所示。双击打开"009_C#脚本"工具，单击"添

214

a) 添加相关引用

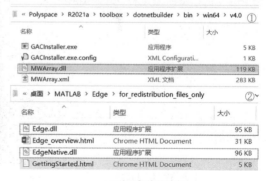

b) 引用文件的路径

图 8-27　C#脚本中引用的添加

加"，分别完成对 MWArray.dll、Edge.dll 和 EdgeNative.dll 的添加，其对应的路径如图 8-27b 所示，路径①为 MATLAB 的安装路径，路径②为封装功能函数时生成的路径。

4）C#脚本工具添加输入和输出。在①处添加输入图像，单击"添加"→单击"链接"，链接"008_通用取像"工具的输出"File Loaded"；在②处添加输出 String 类型，单击"添加"→单击"类型"栏选择"String"，如图 8-28 所示。

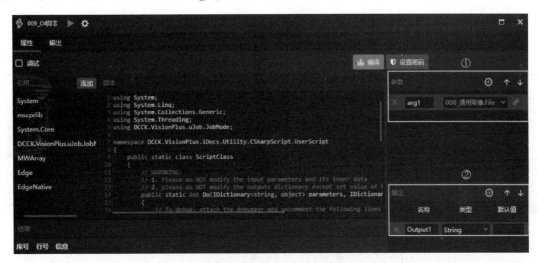

图 8-28　009_C#脚本工具输入输出添加

5）C#脚本工具编写脚本。在①处添加需要使用的命名空间，在②处写入脚本内容，单击"编译"，结果栏中出现"编译成功"表示脚本内容和格式无误，如图 8-29 所示。

图 8-29　009_C#脚本工具脚本编写

215

6）保存解决方案并运行测试，如图 8-30 所示。

① 为在 HMI 界面显示边缘检测的结果，这里再次在方案图中添加 010_通用取像工具，并配置其图像源为"文件"，同时链接"009_C#脚本"工具的输出"Output1"。

② 单击"运行"使得方案处于运行状态，选中"007_内部触发"工具，鼠标右键单击选择"触发"，则可以看到其所在的流程已成功运行，并且可看到"009_C#脚本"工具输出的图像效果。

③ 为更直观的显示效果，可参考 8.2.1 节进行 HMI 界面设计，在运行模式下，启动解决方案→单击"边缘检测"，运行解决方案，使得原始图像和处理后图像的效果对比更加鲜明。

a）设计模式运行效果   b）运行模式运行效果

图 8-30　边缘检测运行效果

本 章 小 结

本章首先从广义上介绍了机器视觉软件二次开发的意义和流程，然后重点讲述了在 V+ 平台软件中进行机器视觉软件开发的详细过程，包括基于 Visual Studio 封装的算法库、直接引用 DLL 文件和基于 MATLAB 封装的算法库三种不同的二次开发方法。同时对开发过程中可能出现的问题给出了相应的解决方案，希望通过本章的学习，读者能熟练的使用 V+平台软件进行二次开发。

习　　题

1. 不定项选择题

（1）V+平台软件支持的二次开发功能包括（　　　）。

A. 自定义硬件设备　　　　　　　　　　　B. 自定义工具模块

C. 自定义 HMI 控件　　　　　　　　　　　D. 图像处理算法开发

（2）引用 dll 文件进行二次开发时需要添加的引用文件为（　　　）。

A. OpenCvSharp.dll　　　　　　　　　　　B. OpenCvSharp. Extensions.dll

C. OpenCv.dll　　　　　　　　　　　　　　D. OpenCv_ffmpeg340.dll

（3）Visual Studio 集成开发环境支持的语言编程有（　　　）。

A. C++　　　　　　　B. C#　　　　　　　C. VB　　　　　　　D. Python

（4）一个 C 程序的执行是从（　　　）。

A. 本程序的 main( ) 函数开始

B. 本程序文件的第一个函数开始，到本程序文件的最后一个函数结束

C. 本程序的 main( ) 函数开始，到本程序文件的最后一个函数结束

D. 本程序文件的第一个函数开始

2. 简答题

（1）简述基于 MATLAB 的二次开发过程。

（2）在 OpenCVSharp4.0 中如何进行边缘提取，并尝试在 V+平台软件中实现？

第 9 章

3D视觉技术与应用

人工智能是数字时代基础性技术和内生型能力，如今正在成为重组全球要素资源的重要变量，而机器视觉作为人工智能的分支学科是制造业智能化升级的关键技术引擎，其检测、识别、测量、定位等关键能力是构成高附加值、高效率、高精度的先进制造业必不可少的支撑要素。工业场景对检测精度、检测维度、灵活性和可靠性的需求越来越高，2D 视觉在复杂物体识别、尺寸标注的精度和距离测量方面的局限性，以及人类与机器人交互等复杂情况下的限制性使得 3D 视觉的需求正在增加。本章将围绕 3D 视觉技术的组成、成像原理及应用展开介绍。

9.1　3D 视觉技术

在过去的数十年中，2D 成像技术已发展的相对成熟。图像算法及算力可以通过 2D 相机产生的平面图像对产品进行识别、检测和测量。然而，2D 图像仅能够提供固定平面内的形状及纹理信息，无法提供引导算法实现精准识别、追踪等功能所需的空间形貌、位姿等信息。3D 视觉技术充分弥补了 2D 成像技术的缺陷，在同步提供 2D 图像的同时，还能提供视场内物体的深度、形貌、位姿等 3D 信息。这使得人工智能的应用，如生物识别、三维重建、骨架跟踪、AR 交互、数字孪生、自主定位导航等有了更好的体验。

9.1.1　3D 视觉及其相机

3D 视觉技术是通过 3D 摄像头采集视野内空间每个点位的三维坐标信息，通过算法复原空间物体结构，不会轻易受到外界环境、复杂光线的影响，技术更加稳定。目前 3D 视觉技术的路线主要有主动视觉和被动视觉两大类，如图 9-1 所示。

1. 主动视觉

主动视觉是指向被测物体表面投射具有编码信息的光束，利用相机获取被测物体表面的光学信息，从而实现三维信息测量。根据成像原理的不同，主动视觉可分为激光扫描法、结构光法、共聚焦及飞行时间法。

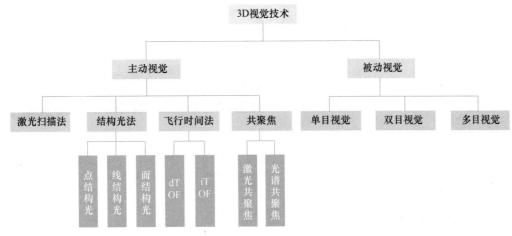

图 9-1 3D 视觉技术分类

1）激光扫描法在主动光源缓慢扫过待测物体的同时相机记录对应的扫描过程，最后依据相机和光源在该过程中的相对位姿和相机内参等参数，来重建出待测物体的三维结构。该方法主要应用于工业领域内。

2）结构光法根据投射光束的形态不同分为点结构光法、线结构光法和面结构光法，其实现过程主要通过观察物体表面结构光图案的形变程度来计算对应的三维形状和深度信息。

3）共聚焦主要用于特殊材料如多层、透明或反光等表面的缺陷检测或尺寸测量。

4）飞行时间法（Time of Flight，TOF）将激光信号发射到物体表面，通过测量接收信号和发射信号之间的时间差来确定被测物体的深度信息。

2. 被动视觉

被动视觉是没有投射额外光束的情况下，相机在自然环境光的条件下采集被测物体图像并进行三维信息测量的方法。根据相机数目的不同可分为单目视觉、双目视觉和多目视觉。

1）单目视觉是指可利用遮挡、阴影、聚焦、离焦、目标几何特征、环境光照变化等已知线索实现空间目标或场景重建，也可通过多视角图像序列提供的射线几何关系实现三维立体重建。

2）双目视觉是同时利用两台相机采集两幅不同视角下待测物体的二维图像，通过立体匹配计算两个图像像素的位置偏差进行三维重建。双目视觉系统实现简单、精度高且具有较好的鲁棒性，被广泛应用于各行各业。

3）多目视觉可理解为双目视觉的扩展形式，即同时使用三台或三台以上相机采集多幅不同视角下的待测物体的二维图像，其测量原理与双目视觉基本相似，虽然提高了匹配精度但计算耗时相对较长，且相机摆放更加困难。

随着 3D 视觉技术的不断发展，市场上涌现出了各种不同类型的 3D 传感器。这些新型传感器能够满足不同行业和应用场景的需求，为工业生产、医疗保健、游戏娱乐等领域带来了更丰富、更精确的三维信息，推动了 3D 视觉技术的广泛应用和发展。常见的工业领域 3D 传感器类型有深视智能的线激光测量仪、康耐视的 3D 智能系统、康耐视的双目+面结构光扫描仪、SmartRay 激光位移测量仪，如图 9-2 所示。

a) 深视智能8000系列

b) 康耐视3D-L4000

c) 康耐视A5000

d) SmartRay ECCO 75

图 9-2　3D 传感器类型

9.1.2　3D 视觉成像原理

3D 视觉成像方法有很多种，原理和实现过程也不尽相同，这里以飞行时间法（TOF）、单目视觉、双目视觉和结构光法为例详细说明各自的成像原理。

1. 飞行时间法（TOF）

飞行时间法（TOF）可分为直接 TOF（简称 dTOF）和间接 TOF（简称 iTOF）。TOF 相机的每个像素利用光飞行的时间差来获取物体的深度。iTOF 相机工作时，从发射极向目标发射近红外（850nm 或 940nm）的脉冲波，遇到目标后反射，由于光在空气中的传播速度是不变的，通过发射和接收的光波的相位偏移 $\Delta\varphi$ 确定目标的距离，进而确定深度信息，如图 9-3 所示。其目标距离可表示为

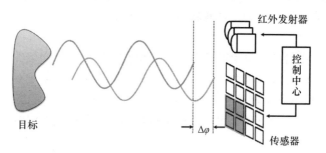

图 9-3　iTOF 成像原理示意

$$d = \frac{\Delta\varphi}{2\pi} \cdot \frac{c}{2f_m} \tag{9-1}$$

式中，$c = 2.9979 \times 10^8$ m/s 为光速；f_m 为光波频率。

iTOF 虽然工作原理复杂，但实现过程简单且依赖的额外硬件单一、成本较低。

对 dTOF 相机成像而言，探测器系统在发射光脉冲的同时启动探测接收单元进行计时，当探测器接收到目标反射的光回波时，探测器直接存储往返时间 Δt，则目标距离可表示为

$$d = \frac{c\Delta t}{2} \tag{9-2}$$

dTOF 的工作原理简单直接，抗干扰性好，在复杂环境、远距离场景下表现较好，但相机的分辨率较低，随机误差较高，通常会有厘米级的抖动。

2. 单目视觉

单目视觉系统是指使用一台摄像机进行三维重建，常见的实现方法为 X 恢复形状法（Shape from X），这里的 X 包含图像的一些二维特征，如明暗度、纹理、焦点、轮廓或者相机的运动。下面以运动法和调焦法为例介绍单目视觉成像原理。

运动法（Shape from Motion，SFM）可从静态目标场景的有序或无序图像集合估计相机运动轨迹并恢复三维场景结构，如图 9-4 所示。求解运动恢复结构问题主要包含三个阶段：图像特征提取与匹配；根据特征匹配关系估计相机运动；结合相机运动与特征匹配重建三维结构。运动法对图像的要求非常低，可以采用视频甚至是随意拍摄的图像序列进行三维重建。同时可以使用图像序列在重建过程中实现摄像机的自标定，省去了预先对摄像机进行标定的步骤。而且由于特征点提取和匹配技术的进步，运动法的鲁棒性也极强。运动法的另一个巨大优势是可以对大规模场景进行重建，输入图像数量也可以达到百万级，被广泛应用在摄影测量、空间遥感、自动导航、虚拟现实等诸多领域。

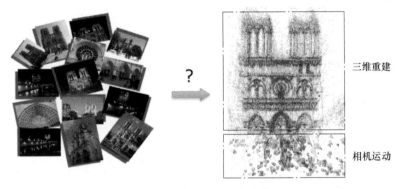

图 9-4 单相机运动法重建

调焦法（Shape from Focus，SFF）通过分析相机的光圈、焦距和拍摄图像的清晰度之间的关系获取物体表面的深度信息，从而重建出物体的三维模型。由于相机镜头具有光学聚焦的原理，因此当物体经过相机镜头时，产生的表面深度信息与相机焦距之间的关系可以确定该物体在图像上的清晰程度。所以，该方法又可以分为聚焦法和离焦法两种。

3. 双目视觉

双目视觉系统基于视差原理，由三角法原理进行三维信息的获取，即由两个相机的图像平面和被测物体构成一个三角形。已知两个相机的位置关系，便可以获取两个相机公共视场内物体的特征点三维坐标，其三维重建的过程，如图 9-5 所示。

根据两个相机安装位置的不同可分为两种双目视觉系统，一种是平行式光轴双目视觉系统，另一种是汇聚式光轴双目视觉系统。为获取更大的视场，通常将左右相机分别绕光心顺时针和逆时针旋转一定角度形成汇聚式双目视觉系统。大视场有利于提高计算视差和三维重建的精度。图 9-6 所示为汇聚式双目视觉系统，设左相机坐标系位于世界坐标系原点且无旋转，定义为 $C_l\text{-}X_lY_lZ_l$，左相机的图像坐标系定义为 $O_l\text{-}x_ly_lz_l$，左相机的有效焦距为 f_l，右相机坐标系定义为 $C_r\text{-}X_rY_rZ_r$，右相机的图像坐标系定义为 $O_r\text{-}x_ry_rz_r$，右相机的有效焦距为 f_r，

k_l，k_r 为比例因子，P 为空间任意点，在左右相机成像点的坐标分别为 P_l、P_r。

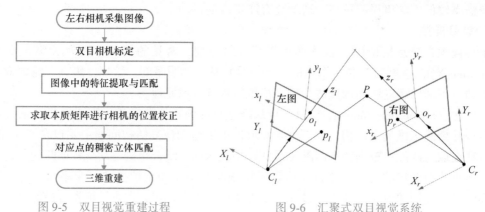

图 9-5　双目视觉重建过程　　　　　图 9-6　汇聚式双目视觉系统

根据相机透视变换模型有

$$k_l\begin{pmatrix} x_l \\ y_l \\ 1 \end{pmatrix} = \begin{pmatrix} f_l & 0 & 0 & 0 \\ 0 & f_l & 0 & 0 \\ 0 & 0 & 1 & 0 \end{pmatrix}\begin{pmatrix} X_l \\ Y_l \\ Z_l \\ 1 \end{pmatrix} \tag{9-3}$$

$$k_r\begin{pmatrix} x_r \\ y_r \\ 1 \end{pmatrix} = \begin{pmatrix} f_r & 0 & 0 & 0 \\ 0 & f_r & 0 & 0 \\ 0 & 0 & 1 & 0 \end{pmatrix}\begin{pmatrix} X_r \\ Y_r \\ Z_r \\ 1 \end{pmatrix} \tag{9-4}$$

而左右相机坐标系之间存在着旋转平移关系，设旋转矩阵为 $\boldsymbol{R}$，平移向量为 $\boldsymbol{T}$，则右相机坐标系到左相机坐标系有如下转换关系

$$\begin{pmatrix} X_r \\ Y_r \\ Z_r \\ 1 \end{pmatrix} = \begin{pmatrix} \boldsymbol{R} & \boldsymbol{T} \\ \boldsymbol{0} & 1 \end{pmatrix}\begin{pmatrix} X \\ Y \\ Z \\ 1 \end{pmatrix} = \begin{pmatrix} r_1 & r_2 & r_3 & t_x \\ r_4 & r_5 & r_6 & t_y \\ r_7 & r_8 & r_9 & t_z \end{pmatrix}\begin{pmatrix} X \\ Y \\ Z \\ 1 \end{pmatrix} \tag{9-5}$$

最后联合式（9-3）~式（9-5）可得空间点的三维坐标为

$$\begin{cases} x = \dfrac{zX_l}{f_l} \\[2mm] y = \dfrac{zY_l}{f_l} \\[2mm] z = \dfrac{f_l(f_r t_x - X_r T_z)}{X_r(r_7 X_l + r_8 Y_l + r_9 Y_l) - f_r(r_1 X_l + r_2 Y_l + r_3 f_l)} = \dfrac{f_l(f_r t_y - Y_r t_z)}{X_r(r_7 X_l + r_8 Y_l + r_9 Y_l) - f_r(r_4 X_l + r_5 Y_l + r_6 f_l)} \end{cases}$$

$$\tag{9-6}$$

由式（9-6）可知，若已知左、右相机的内参矩阵和外参矩阵，并且准确获取到左、右相机图像中的匹配点对，根据双目视觉系统的重建流程，就能够对物体表面形貌进行三维重建。

4. 结构光法

1）结构光法成像技术的点结构光工作过程为：首先将一束呈点状的激光束投射到目标表面，然后用摄像机对该点进行跟踪拍摄，通过分析拍摄到的点的信息，反演出被测点的坐标，再利用摄像机和激光发射器之间存在的确定位置关系，通过标定可确定光点实际的空间位置坐标，如图 9-7a 所示。其优点是快速，但缺点是每次获得被测物表面的三维数据量较小。

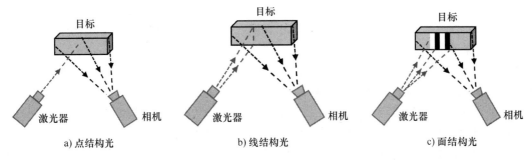

图 9-7　结构光成像类型

2）线结构光成像过程为在目标表面投射一个 2D 的条状光斑，不同深度的 3D 物体表面对条状光斑的调制不同，用摄像机对调制后的 2D 条状光斑的图案进行拍摄，然后进行数据解调和系统标定，提取出物体的 3D 信息，如图 9-7b 所示。

3）面结构光成像过程为投射到目标上一组经过特殊编码的结构光图案，如条纹光栅、正弦光栅、叠栅条纹和波带片等。这些编码图案被物体调制后，被摄像机和相应接收装置接收，然后再通过解码、标定和三角测量等方法来解调出物体的 3D 轮廓信息，如图 9-7c 所示。

9.1.3　3D 数据表示

3D 传感器获取的图像数据可以选择不同的方法进行存储。不同的存储方式对数据的访问速度、格式兼容性、空间占用等方面都会有影响，因此需要根据实际情况进行选择。常见的 3D 数据表示方法有深度图、点云、体素和网格，对应的图像表现形式如图 9-8 所示。

a) 深度图　　　　b) 点云　　　　c) 体素　　　　d) 网格

图 9-8　3D 数据图像表现形式

（1）深度图　深度图是表征场景中物体与 3D 相机之间的空间距离的图像。因为深度图包含三维场景下的深度信息，可以利用深度图的这一特点，结合相机内参数，完全解出图像中每一像素点在相机坐标系下的三维坐标，从而得到物体或者场景的三维点云模型。

深度图通常分为16bit图像和8bit图像。3D相机直接获取的深度图位数为16bit，前三位数通常是0，即每个像素的值由13位二进制数表示。普通的视觉场景中深度图以8bit的形式来表示，每个像素的值是一个［0，255］内的整数。每个点的真实距离与像素值的关系可表示为

$$Z = Z_{near} + v \times \frac{Z_{far} - Z_{near}}{255} \tag{9-7}$$

式中，Z表示真实距离，Z_{near}表示距离3D相机最近的距离，Z_{far}表示距离3D相机最远的距离，v表示深度图中对应的像素值。

深度图比普通的RGB图像多出的一维空间信息更有助于构建物体的空间几何结构，因此深度图在机器视觉研究领域中具有重要的地位。

（2）点云　用来描述物体特征的3D空间中点的集合，每个点具有特定的位置信息(x, y, z)，并且还会包含一些被测物体的属性信息，例如，激光反射强度可以反映物体表面的反射率，有利于区别被测物体表面的材质；RGB颜色信息可以反映物体表面的纹理，回波信息可以反映物体表面的穿透能力。

点云按照特征点的密度可分为稀疏点云和稠密点云两种。稀疏点云中的特征点数量较少，可用于表示物体的几何结构，如平面、路径等。稀疏点云的数据量小，可快速生成和处理，常被用于快速加载空间的结构信息，被应用于自动驾驶、扫地机器人等领域。稠密点云中特征点的数量较多，能够精细地表示物体的形状和外观，可实现三维场景或物体的全貌构建，这类基于点云的三维重建技术，被广泛应用于数字化城市建设、虚拟增强现实、古文物复原、医学研究等领域。

点云数据为了获取物体详细信息，点的分布非常密集，且每个点之间相互关联，即拓扑结构未知，导致高密度、数据量大的组织管理、空间计算、浏览查询困难，根据扫描物体大小和扫描间距等不同，点云数据总共包含几万到几百万甚至上亿，存储空间占用比较大。因此在进行点云数据处理之前需要进行预处理及拓扑关系的建立。

（3）体素　体素是体积像素的简称，是3D空间中量化的、大小固定的点，相当于三维空间中的最小单位。

体素会把一个物体占用的空间放到一个立方体中，然后对这个立方体按分辨率进行切割，切割成若干个小立方体，在每个小立方体中，如果里面包含物体的组成部分，则把这个小立方体标记为"占用"，相反，如果小立方体区域内为空，即没有模型的组成部分占用到这个小立方体的区域，则将其标记为"未占用"。像这样做完标记之后，将其表示为一个三维数组，通常"占用"的位置记为1，"未占用"的位置记为0，最终可以将物体表示为全部为0和1的三维数组，将值为1的立方体单位表示出来，即得到体素化的模型。实际上不是所有体素数据都是0或1表示，也有一些体素数据除了"占用"和"未占用"，还区分了"未知"区域，这部分区域可能由于遮挡等因素并未探测到，但并不能断定这部分区域有没有被占用，所以这种体素数据存在三个值。

体素化的主要思路都是将物体切割划分，并与空白数据加以区分，只要分辨率足够大（即把目标物体分割的足够细密），物体的细节和体积都会完整的呈现在体素数据中。

（4）网格　网格是点云的细化分割的一种呈现形式，可实现将多面体表示为顶点与

面片的集合，包含了物体表面的拓扑信息，在机器视觉中为了快速处理数据用三角形居多。三角形网格在计算机中存储表示为一个顶点数据和一个三角形数组，其中顶点数组包含顶点的坐标、法向量、颜色和纹理坐标等信息，三角形数组则存储着三角形顶点数组中的索引。

点云数据的稠密化过程需要在网格化的基础上完成，由于使用 Delaunay 三角剖分法进行细分时，对网格曲面的细节进行了较好的控制，同时遵循了严格的数学基础，因此该方法形成的网格为最佳网格。

9.1.4　3D 几何测量

1. 激光扫描系统的构成

3D 几何测量的点云可以通过激光扫描系统进行采集，激光扫描系统一般由激光发射器、成像系统、运动机构组成，如图 9-9 所示，线激光发射器与移动平台垂直，相机和激光器呈一定夹角，扫描时物体沿着 Y 轴方向移动。这种安装方式能使测量视野更大、减小计算三维坐标误差，计算速度快、精度高、标定简单。在 3D 空间中，X 方向分辨率是沿着激光扫描线方向各测量点之间的水平距离，这个值和相机分辨率和视野大小有关，越靠近传感器，X 方向分辨率越高；Z 方向分辨率表现为各点处可检测的最小高度差，即被测物高度的测量精度。被测物位于固定位置时，任意给定时刻各点上的高度值的变化限制了 Z 方向分辨率，这种变化由相机和传感器电子元件造成。

2. 激光三角测量法原理

激光三角测量法的原理是根据被测物体表面的高度不同，激光光斑在图像上的位置也不同，根据激光发射器、相机和被测点之间的三角关系来计算出被测点距离和图像位置的关系。

垂直入射式的激光三角测量系统的激光投射方向和物体高度方向一致，当物体高度变化时，反射的激光线和基准平面法线的夹角 α、及传感器之间的夹角 β 发生变化，从而导致传感器上光斑发生位移 b，如图 9-10 所示，当激光线垂直照射在基准平面上 A_0 点时，在传感器上成像点为 B_0，A_0 和传感器透镜的距离为 s_1，B_0 和传感器透镜的距离为 s_2，当激光线垂直照射在被测平面的 A_1 点时，在传感器上成像点为 B_1，B_0 和 B_1 之间的距离为 b，设被测平面的高度为 a。

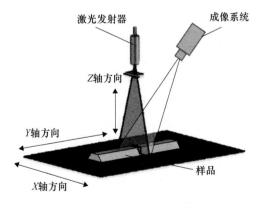

图 9-9　激光扫描系统结构图

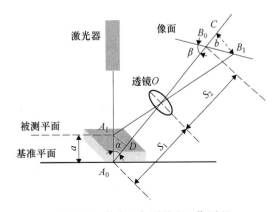

图 9-10　激光三角测量法工作原理

225

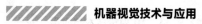

根据三角形 ODA_1 与三角形 OCB_1 为相似三角形，可得

$$\frac{DA_1}{CB_1}=\frac{OD}{OC} \tag{9-8}$$

根据几何关系，可知

$$\begin{cases} DA_1=a\sin\alpha \\ CB_1=b\sin\beta \\ OD=s_1-A_0D \\ A_0D=a\cos\alpha \\ OC=s_2+B_0C \\ B_0C=b\cos\beta \end{cases} \tag{9-9}$$

带入式（9-8）可得

$$\frac{a\sin\alpha}{b\sin\beta}=\frac{s_1-a\cos\alpha}{s_2+b\cos\beta} \tag{9-10}$$

根据透镜成像原理可知

$$\frac{1}{s_1}+\frac{1}{s_2}=\frac{1}{f} \tag{9-11}$$

式中，f 为透镜焦距。

最后得出 a 的表达式为

$$a=\frac{bs_1\sin\beta(s_1-f)}{s_1f\sin\alpha+b(s_1-f)\sin(\alpha+\beta)} \tag{9-12}$$

因此，当激光扫描系统完成扫描时，只要确定出光斑像点的移动距离 b，即可根据几何关系求出被测物体表面的实际高度 a。

9.1.5 3D 视觉应用案例

3D 视觉技术最早应用于工业领域，主要用于工业设备与零部件的高精度三维测量以及物体、材料的微小形变测量。在工业生产时，3D 视觉系统能够胜任大多数工业场景下的检测需求，拥有更高的检测精度和获取更多维度信息等的优势，持续为机器视觉技术在工业场景中的应用赋能，其技术主要集中在缺陷检测、智能制造等应用，并且实现从质检等单场景发展到全生产线的应用。例如，通过 3D 激光扫描传感器可实现对曲面玻璃的弧度、平面度、厚度以及三维轮廓等特征的测量或表面瑕疵检测；或者用于测量连接器针脚是否存在、针脚间的共面度以及针脚和基准面的高度差等；在汽车装配检测中，采用 3D 扫描仪进行非接触式无损检测，检测汽车装配工艺是否满足装配精度要求，如图 9-11 所示。

3D 视觉作为电子设备"一双更智能的眼睛"，已经经历了从工业级向消费级拓展的过程，在智能家居、智能安防、汽车电子、新零售、智能物流等领域都具有极大的市场空间。随着核心技术的不断突破和迭代，加快了 3D 视觉实现大规模产业化应用的步伐。

叉车 AGV 利用 TOF 相机提供的深度信息，识别不同明暗环境中的托盘、货物、障碍物等，使 AGV 可以安全准确地识别物品、拾取并运输到目的地，如图 9-12 所示。

a) 曲面屏测量　　　　　　　　b) 连接器测量　　　　　　　　c) 汽车装配检测

图 9-11　3D 视觉工业领域案例

　　基于双目视觉的环境感知是机器视觉中的成熟技术，在我国玉兔号和玉兔二号月球车，以及美国的火星车中均已得到成功应用。祝融号火星车受重量功耗等限制，GNC 系统无法配备激光雷达等大功率敏感仪器，仅依靠轻质低耗的双目视觉相机，解决了基于被动视觉的高效融合自主环境感知与避障规划问题，在有限资源约束和严苛未知环境下实现了高可靠安全探测，如图 9-13 所示。

图 9-12　AGV 小车　　　　　　　　　　　图 9-13　祝融号火星车

　　过去几年，刷脸支付越发普遍，不论是在商业场景，如商超、便利店，还是个人线上支付，只需要对准人脸轻轻一扫，便可完成支付行为，极大简化了支付流程。从输入密码、指纹验证到刷脸支付，这场支付方式的变革，起始于技术和市场两大板块的变化。在技术端，以 3D 视觉为核心的 AI 技术逐渐成熟，并应用到金融支付领域；而在市场端，消费电子的进一步普及，疫情期间的无接触支付等，催生出对刷脸支付的庞大需求。技术和市场的双轮驱动下，刷脸支付被应用到更多场景，如图 9-14 所示。

　　如今，支付方式再一次进化，刷掌支付开始被启用，并落地到实际场景中，相较于刷脸支付，刷掌支付更加安全和精准，因为掌纹读取的是掌心血管纹路，避免了复制伪造和暴露在外的风险，如图 9-15 所示。

　　ChatGPT 的诞生促进了具身智能机器人时代的到来，具身智能（Embodied AI）是指具备感知和理解环境的能力，能够与物理世界进行交互，并具备行动能力以完成任务的智能体。相对而言，离身（Disembodiment）是指认知与身体分离，ChatGPT 可以认为是一种离身智能，仅能对语言文本进行理解与对话，无法对真实物理世界产生影响。然而，离身智能必定会向具身智能发展，"知行合一"是必然趋势。

　　而具备"自主行走+自主执行"的智能机器人是具身智能最直接的落地应用，3D 视觉作为人工智能感知世界的重要信息源，也将会不断进化。在产品形态上，机器人视觉相比传统机器视觉更加 3D 化、高度集成化、场景复杂化。在技术实现上，机器人视觉相比传统机器视觉更注重多专业融合、底层元器件定制与集成以及高度依赖智能视觉算法。

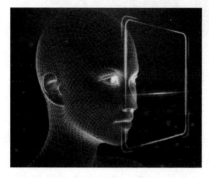

图 9-14　刷脸支付

图 9-15　刷掌支付

随着制造业的智能化和精密加工需求的增长，3D 视觉技术呈现出多样化和高性能化的发展趋势，主要体现在以下三个方面。

（1）高性能和多场景　3D 视觉系统底层元器件、核心算法等技术的快速发展使得成像分辨率不断提高，图像采集速度和传输可靠性明显增强，丰富了 3D 视觉系统的应用场景。

（2）智能化和实时性　未来，随着人工智能、大数据和云计算等新技术的引入，3D 视觉系统将变得更智能化、实时化。其中，5G 技术的发展将有利于实时计算和数据安全，降低网络中断的风险。

（3）集成化和融合化　3D 视觉系统也将朝着集成化、小型化的方向发展，各种模组（如光学模组、通信模组和计算模组等）会逐渐集成在一个设备中；同时机器视觉传感器与其他传感器相融合从而实现多个相互协作的传感器进行多层次、多空间的信息互补和优化组合处理，产生对观测环境的一致性解释，最终得到高质量的判断结果，拓宽机器视觉的应用领域。

9.2　3D 视觉技术应用

在人类获取的信息中，有七成左右是通过眼睛获得，因此 3D 视觉技术成为智能设备不可或缺的组成部分。同时该技术在智能制造领域可实现测量、检测、识别和引导等功能。V+平台软件可方便使用者快速进行 3D 视觉方案的设计和实施。

9.2.1　3D 取像工具

在 V+平台软件中连接 3D 传感器（以深视智能为例）的工具界面如图 9-16 所示，主要分为以下四个模块：

1）3D 传感器：显示已添加的 3D 传感器设备。

2）交互区：用于采集图像的显示。

3）参数设置：配置所连接 3D 传感器的参数，具体说明见表 9-1。

4）高级选项：传感器高级参数配置，具体说明见表 9-1。

图 9-16　3D 传感器连接界面

表 9-1　参数配置说明

模块	参数设置界面	参数及其说明
参数设置	设置 名称　　深视1 重连(ms)　1000 IP地址　192.168.2.10 批处理点数　8700 IO触发　□ 开始批处理 高度数据	名称：所连接传感器的名称，可自定义 重连（ms）：传感器离线后重连的间隔时间 IP 地址：传感器的 IP 地址 批处理点数：传感器能采集的总行数 IO 触发：勾选即通过 IO 触发拍照 开始批处理：相机开始采集图像数据 高度数据：查看采集的 3D 数据
高级选项	高级选项　▼ 切换程序　1 触发模式　Continues 采样周期　400 编码器类型　TwoTwoIncrementing 细化点数　12 批处理　☑	切换程序：根据扫描产品不同可设置不同程序，默认为 1 触发模式：选择项依次为连续触发、外部触发、编码器触发 采样周期：两次采样的间隔时间 编码器类型：选择项依次为 1 相 1 递增、2 相 1 递增、2 相 2递增、2 相 4 递增 细化点数：间隔多少脉冲采集一行数据 批处理：必须勾选才可以取像

在使用 3D 传感器采集图像时，会使用 3D 取像工具、Z 转 CogImage16Range 工具，如图 9-17 所示，对应的属性配置说明见表 9-2。

（1）3D 取像工具　该工具实现从 3D 传感器或本地 3D 数据获取图像的功能，具体属性说明见表 9-2。

a) 3D取像工具　　　b) Z转CogImage16Range工具

图 9-17　3D 图像相关工具

（2）Z 转 CogImage16Range 工具　从 3D 取像工具获取的图像需要经过该工具格式转换为高度图，方可在工具块中进行图像处理，具体属性说明见表 9-2。

表 9-2　3D 图像相关工具属性说明

工　　具	参数设置界面	参数及其说明
3D 取像工具	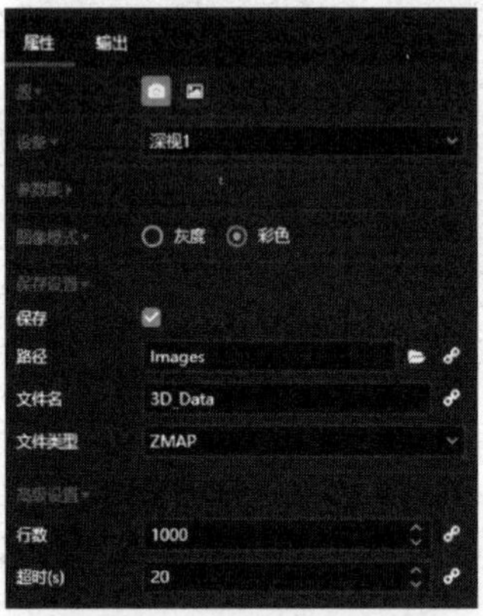	源：可选择相机或者本地图像 设备：选择已连接的 3D 传感器 图像模式：可选择灰度或者彩色 保存：勾选保存即在取像完成后保存 路径：设置图像的存储路径，可选择指定文件夹或链接前置工具拼接的路径 文件名：自定义所取像的名称 行数：需要和"批处理点数"保持一致 超时（s）：取像工具最长运行时间 注：当源选择本地图像时无高级设置参数
Z 转 CogImage16Range 工具		输入图像：可链接前置工具的输出图像或选择本地文件夹图像 宽：默认链接前置工具的输出宽度，可输入参数 高：默认链接前置工具的输出高度，可输入参数 X 比例：X 轴方向的分辨率，由传感器型号决定 Y 比例：Y 轴方向的分辨率与 xScale 保持一致 Z 比例：Z 轴方向的分辨率，该分辨率为 16 位图像中的参数，故等于传感器的 Z 轴高度值/65536

9.2.2　3D 视觉测量及应用

1. 3D 测量工具

3D 测量技术指的是利用各种方法对被测物体进行全方位测量，在 V+平台软件中能实现的 3D 测量功能主要包括平面夹角、高度测量、平面提取、体积测量，如图 9-18 所示。相关的工具在工具块中分别为 Cog3DPlanePlaneAngleScript（简称"平面夹角测量工具"）、Cog3DRangeImage-HeightCalculatorTool（简称"测高工具"）、Cog3DRangeImagePlaneEstimatorTool（简称"平面提取工具"）、Cog3DRangeImageVolumeCalculatorTool（简称"体积测量工具"）。

例如，在测量高度时，首先要使用平面提取工具确定测高的基准平面，其功能配置界面如图 9-19 所示；其次使用测高工具确定被测平面并完成高度测量，其功能配置界面如

图 9-20 所示。

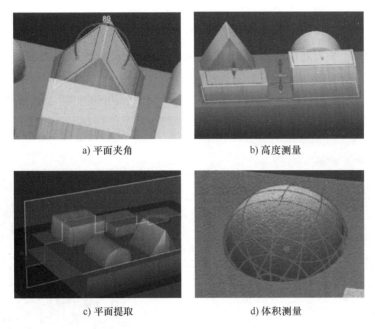

a) 平面夹角　　　　　　　b) 高度测量

c) 平面提取　　　　　　　d) 体积测量

图 9-18　3D 测量功能

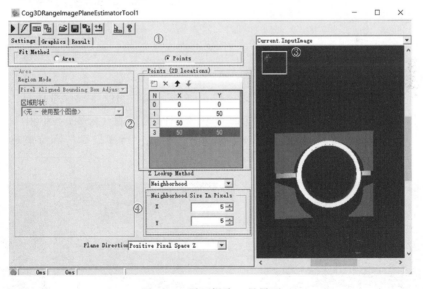

图 9-19　平面提取工具界面

平面提取工具在使用过程中仅需要三步配置：

1）图 9-19 中①处为平面拟合算法选择，可选面积（Area）拟合或者多点（Points）拟合算法，多点拟合算法操作相对简单且准确度高。

2）当选择多点拟合算法时，在②处默认会给出用于拟合平面的四个点的位置信息，其对应在图像中的位置在图中③处，拖动四个点可将其放在被拟合平面上。

3）为使得拟合过程的鲁棒性更强，可以修改④处的拟合点邻域大小，当前值为 5 表示会使用拟合点邻域 5 个像素范围内的区域为基准来进行拟合操作。

测高工具在使用过程中可从以下两方面进行设置：

1）在图 9-20 所示①处设定高度的正方向，当选择法向量的正方向时（即 Increasing-PlaneNormal）高度值为正；当选择法向量的反方向时（即 DecreasingPlaneNormal），高度值为负。

2）在②处选择区域形状，当前为圆形，在"Current. InputImage"图像缓冲区调整圆形区域到被测高度的表面③处即可。

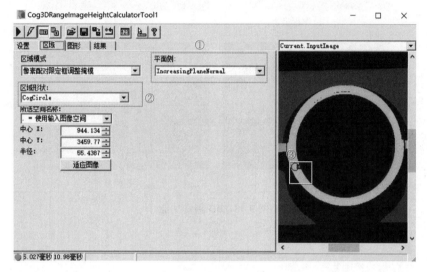

图 9-20　测高工具界面

2. 3D 测量应用

3D 视觉技术相对 2D 视觉而言，可以提供更加精确的空间信息和深度信息，为深入了解 V+平台软件中 3D 视觉测量工具的使用方法，现采用深视智能（SSZN）8060 型号的激光线扫相机，其 X 方向分辨率为 0.012mm，Z 轴高度为 18mm，对样品进行高度测量，如图 9-21 所示，主要流程如下：

a) SSZN 8060

b) 待测样品及其被测高度

图 9-21　3D 视觉测量应用

1）连接 3D 相机。新建 V+项目解决方案并命名为"第 9 章-3D 视觉测量及应用-×××"，单击菜单栏"设备"→"3D 相机"，双击"深视"将其添加到设备区→配置相机的"设置"

参数，如图 9-22 所示。

图 9-22　连接 3D 相机

2）添加内部触发和取像工具。双击或拖出"内部触发"和"3D 取像"工具，并链接已添加的工具，如图 9-23 所示。

3）添加图像处理工具。双击或拖出"Cognex"工具包中的"Z 转 CogImage16Range"工具，同理，添加"004_ToolBlock"并链接至"Z 转 CogImage16Range"工具，如图 9-24所示。

图 9-23　添加取像工具

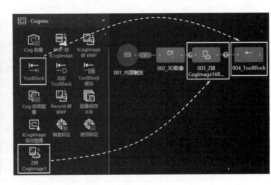

图 9-24　添加图像处理工具

4）配置取像工具的属性。配置完成后，单击①处运行取像工具，如图 9-25 所示。具体参数为：① 源：相机；② 设备："深视 1"；③ 图像模式："彩色"；④ 保存：勾选；⑤ 路径：单击"打开"，选择根路径下的"Images"；⑥ 文件名："3D_Data"；⑦ 文件类型："ZMAP"；⑧ 行数："8700"。

233

5）Z 转 CogImage16Range 工具属性配置。配置完成后的界面，如图 9-26 所示。具体参数为：①输入图像：链接"002_3D 取像"工具的输出"Data"；②宽：链接"002_3D 取像"工具的输出"Width"；③高：链接"002_3D 取像"工具的输出"Height"；④X 比例和Y 比例：设置为固定值"0.012"；⑤Z 比例："0.000275"。

图 9-25　取像工具属性配置

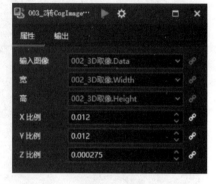

图 9-26　图像处理工具属性配置

6）几何测量算法使用，如图 9-27 所示。过程如下：

① 打开"004_ToolBlock"工具，添加输入项并在①处选择"003_Z 转 CogImage16Range"工具→单击②处工具箱，选择"3D Tools"文件夹，依次双击③处"Cog3DRangeImage PlaneEstimatorTool"工具和④处"Cog3DRangeImageHeightCalculatorTool"工具，将其添加至工具列表中。

② 将"Input1"依次链接至⑤和⑥处，即两个 3D 工具的输入图像。

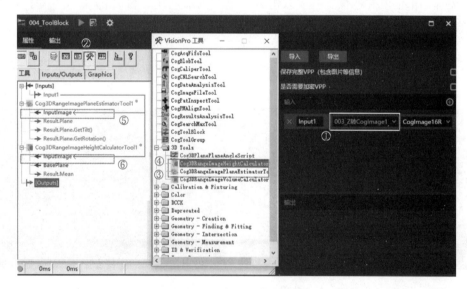

图 9-27　几何测量算法使用

7）平面提取工具参数设置，如图 9-28 所示。

① 双击"Cog3DRangeImagePlaneEstimatorTool1"工具→选择拟合平面的方法为"Points"，即点选①处。

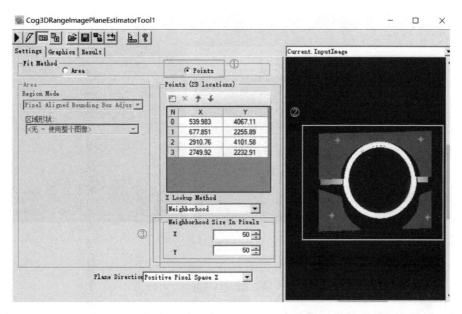

图 9-28　平面提取工具参数界面

② 在②处拖动四个点放在同一平面上→将③处点邻域范围 X 和 Y 设为 "50"。

8）双击 "Cog3DRangeImageHeightCalculatorTool1" 工具→在①处选择平面正方向为 "IncreasingPlaneNormal"→在②处选择区域形状为 "CogCircle"→拖动③处的绿色圆形区域将其放在需要测高的平面，如图 9-29 所示。

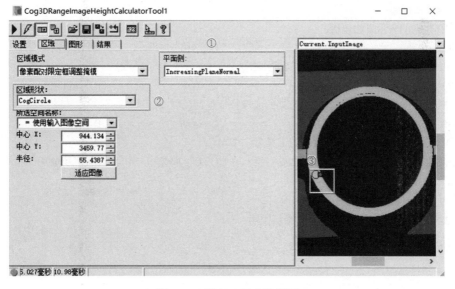

图 9-29　测高工具参数界面

9）保存并运行解决方案。将 "Cog3DRangeImagePlaneEstimatorTool1" 的输出 "Result. Plane" 链接至 "Cog3DRangeImageHeightCalculatorTool1" 工具的输入 "BasePlane"→保存解决方案→运行该工具查看测量的高度均值为 7. 24523mm，如图 9-30 所示。

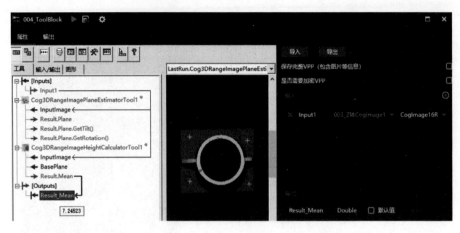

图 9-30　几何测量结果查看

本 章 小 结

本章介绍了 3D 视觉相关的理论知识，包括 3D 视觉的含义、主要技术分类及各自的原理、3D 传感器生成的数据类型以及利用激光扫描系统进行几何测量的原理，在此基础上以 V+平台软件为核心，详细说明了如何进行 3D 几何测量的过程。希望通过理论和实践的结合，能加深读者对 3D 视觉的理解。

习　　题

1. 不定项选择题

（1）3D 数据的表示方法包括（　　）。

A. 点云　　　　　　　　B. 体素　　　　　　　　C. 网格　　　　　　　　D. 深度图

（2）以下 3D 成像技术中属于主动视觉的包括（　　）。

A. 激光位移法　　　　　B. 结构光法　　　　　　C. TOF　　　　　　　　 D. 双目视觉

（3）被动视觉中的单目视觉技术可依据的成像特征包括（　　）。

A. 明暗度　　　　　　　B. 纹理　　　　　　　　C. 运动　　　　　　　　D. 聚焦

（4）V+平台软件中可进行 3D 取像的工具为（　　）。

A. 通用取像　　　　　　B. 3D 取像　　　　　　 C. Cog 取像　　　　　　D. 信号触发

2. 简答题

（1）概括激光线扫系统的工作过程。

（2）3D 视觉还能用在哪些领域？请举例说明。

第 **10** 章

深度学习技术与应用

　　人工智能是数字时代基础性技术和内生型能力，如今正在成为重组全球要素资源的重要变量。而产品型号的多样化、生产环境的复杂化也驱动了深度学习为工业领域带来更加快捷、智能化、高端化的应用。深度学习是机器学习的领域之一，它使计算机在处理数据时能模仿人类大脑的工作方式进行决策，结合机器视觉，就是让视觉系统能够通过大量样品进行训练从而进行更加精确的检测判断。本章主要基于 V+平台软件对工业领域的深度学习算法进行学习和应用。

10.1　深度学习技术

10.1.1　深度学习概念

　　概括来说，人工智能、机器学习和深度学习覆盖的技术范畴是逐层递减的，三者的关系如图 10-1 所示。

　　人工智能（Artificial Intelligence，AI）是最宽泛的概念，是研究、开发用于模拟、延伸、扩展人的智能的理论、方法、技术及应用系统的一门技术科学，通过了解智能的实质，产生一种新的能以人类智能相似的方式做出反应的智能机器。

　　机器学习（Machine Learning，ML）是当前比较有效的一种实现人工智能的方式，是研究计算机怎样模拟或实现人类的学习行为，以获取新的知识或技能，重新组织已有的知识结构使之不断改善自身的性能的科学。

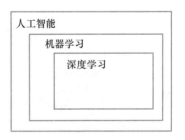

图 10-1　人工智能、机器学习和深度学习的关系

　　深度学习（Deep Learning，DL）是一种机器学习方法，它基于神经网络（Neural Networks）来处理和分析大量数据，能通过建立能模拟人脑进行分析学习的神经网络模型，计算观测数据的多层特征或表示。与传统的机器学习算法相比，深度学习具有更强的表达能力

和更高的准确性，在许多领域都有广泛的应用，如机器视觉、自然语言处理、语音识别、推荐系统、游戏 AI 等。随着计算能力的提高和大数据的普及，深度学习将进一步推动人工智能技术的发展。

以 ChatGPT 为例，它是一种基于深度学习技术的对话型人工智能系统，是美国 OpenAI 公司研发的人工智能程序，于 2022 年 11 月 30 日发布，5 天内就涌入了 100 万用户。它为新一代大语言模型开辟了道路，是人工智能技术驱动的自然语言处理工具，能够通过理解和学习人类的语言来进行对话，还能根据聊天的上下文进行互动，真正像人类一样来聊天交流，甚至能完成撰写邮件、视频脚本、文案、翻译、代码编程以及写论文等任务。因此，可以说 ChatGPT 是深度学习在自然语言处理领域的典型应用之一。

10.1.2 深度学习模型

深度学习模型有很多种，常见的深度学习模型有卷积神经网络、循环神经网络、生成对抗网络、自编码器、强化学习模型等。其中，卷积神经网络（Convolutional Neural Network，CNN）是机器视觉领域中最常用的深度学习模型，主要用于模式分类、物体检测等视觉任务。该网络避免了对图像的复杂前期预处理，可以直接输入原始图像，因而得到了更为广泛的应用。

CNN 的核心思想是利用局部连接权值共享的方式来减少网络参数和计算量。与传统的神经网络相比，CNN 可以更好地处理高维数据，并且具有平移不变性和局部相关性等特点。

在传统的机器视觉任务中，算法的性能好坏很大程度上取决于是否能选择合适的特征，而这恰恰是最耗费时间和人力的，所以在图像、语言、视频处理中就显得更加困难。CNN 可以做到从原始数据出发，避免前期的特征提取，在数据中找出规律，进而完成任务。

卷积神经网络一般由输入层、隐含层、全连接层以及输出层组成，如图 10-2 所示。其中，输入层用于接收对应的输入图像数据；隐含层通常由若干卷积层和池化层连接而成，负责特征的提取和组合；提取的特征送入全连接层，并通过激活函数得到最终的输出层判别结果。值得注意的是，整个网络中每一层均由不同权重值的神经元构成，连接着前后层网络，起到正向传输预测值和反向调整权重参数的作用。卷积神经网络结构特点及作用如图 10-3 所示。

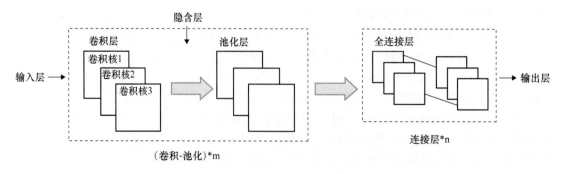

图 10-2　卷积神经网络典型结构

（1）卷积层　在卷积层中，输入数据被滑动到一定大小的窗口内，然后与每个窗口内的所有卷积核进行卷积运算。由于卷积核的大小和数量可以根据具体任务进行调整，因此可以提取不同大小、不同形状的特征。这一层的主要目的就是将数据与权重矩阵（滤波器）进行线性乘积并输出特征图。

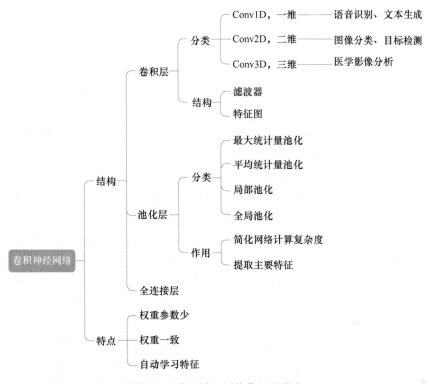

图 10-3 卷积神经网络作用及特点

（2）池化层 在卷积神经网络中，池化层对输入的特征图进行压缩，一方面使特征图变小，简化网络计算复杂度。另一方面进行特征压缩，提取主要特征。采用池化层可以忽略目标的倾斜、旋转之类的相对位置的变化，以提高精度，同时降低特征图的维度，并且在一定程度上可以避免过拟合。池化层通常非常简单，通常取最大值或平均值来创建自己的特征图，如图 10-4 所示。

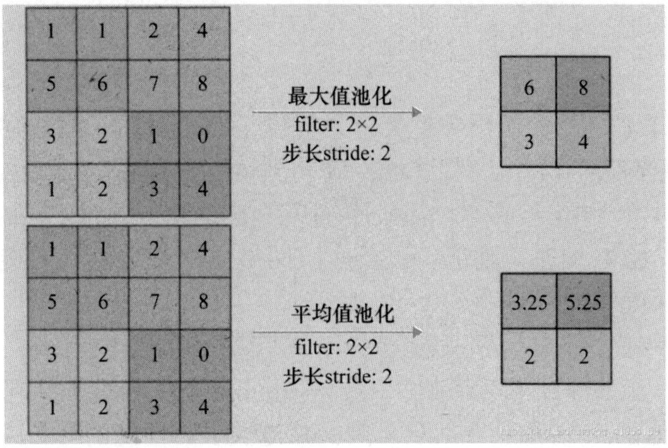

图 10-4 池化层

（3）全连接层　在全连接层中，前面的卷积层和池化层提取出的特征图被展开成一维向量，并通过一系列全连接层进行分类或回归等任务。由于全连接层的参数数量非常大，因此可以使用反向传播算法进行训练。

10.1.3　深度学习框架

深度学习框架是指通过高级编程接口为深度神经网络的设计、训练、验证提供的组件和构建模块。常用的深度学习框架有 TensorFlow、PyTorch、Keras、Caffe、MXNet 等。

1. TensorFlow

TensorFlow 是一个基于数据流编程（Dataflow Programming）的符号数学系统，被广泛应用于各类机器学习算法的编程实现，其前身是谷歌的神经网络算法库 DistBelief。Tensorflow 拥有多层级结构，可部署于各类服务器、PC 终端和网页并支持 GPU 和 TPU 高性能数值计算，被广泛应用于谷歌内部的产品开发和各领域的科学研究。TensorFlow 由谷歌人工智能团队谷歌大脑（Google Brain）开发和维护，拥有包括 TensorFlow Hub、TensorFlow Lite、TensorFlow Research Cloud 在内的多个项目以及各类应用程序接口（Application Programming Interface，API）。自 2015 年 11 月 9 日起，TensorFlow 依据阿帕奇授权协议（Apache 2.0 open source license）开放源代码。该平台的优点有：高度的灵活性、开源、GPU 加速、分布式计算、强大的工具集、社区支持等。

2. PyTorch

PyTorch 是一个由 Facebook 开发的基于 Python 的科学计算包，它提供了一个强大的、动态的计算图构建系统和用于训练深度神经网络的高级 API。它提供了动态计算图、JIT 编译、自动求导等功能，以及丰富的深度学习框架特性，使得开发者能够快速搭建和训练各种复杂的神经网络模型。PyTorch 的主要特点有：动态计算图、JIT 编译、张量处理、自动求导、深度学习框架、支持 GPU 加速和社区支持。

3. Keras

Keras 是一个高级神经网络 API，它允许用户通过简单的 Python 代码构建、训练和部署各种深度学习模型。Keras 基于 TensorFlow 和 NumPy，可以在多种硬件上运行，包括 CPU、GPU 和 TPU。除了具有 PyTorch 的几大特点，还提供了大量的预训练模型，包括图像分类、自然语言处理、语音识别等领域的模型。这些模型可以在不进行额外训练的情况下用于特定的任务。

4. Caffe

Caffe 是一个基于 C++的深度学习框架，它提供了一个灵活、高效和可扩展的平台，用于训练和部署各种深度学习模型。Caffe 最初是由 Berkeley Vision and Learning Center（BVLC）开发的，并在 2014 年成为 Apache 软件基金会的顶级项目之一。它提供了卷积神经网络、动态计算图、GPU 加速等功能，以及多层网络结构和自定义层接口等特性，方便用户搭建和训练各种深度学习模型。

5. MXNet

MXNet 是一个开源的深度学习框架，由亚马逊公司开发和维护。它支持多种编程语言和硬件平台，包括 Python、Scala、Java、R 等，并提供了高性能的分布式计算能力，适合于大规模数据处理和分布式训练。

除了以上列举的平台，还有很多其他的深度学习平台，如 Torch、CNTK、ONNX 等。不同的框架有不同的特点和适用场景，选择合适的框架可以提高开发效率和模型性能。图 10-5 所示为各类深度学习工具的比较。

	语言	教程和培训材料	CNN建模能力	RNN建模能力	易于使用和模块化的前端	速度	支持多种GPU	兼容Keras
Theano	Python, C++	++	++	++	+	++	+	+
Tensor-Flow	Python	+++	+++	++	+++	++	++	+
Torch	Lua, Python (new)	+	+++	++	++	+++	++	
Caffe	C++	+	++		+	+	+	
MXNet	R, Python, Julia, Scala	++	++	+	++	++	+++	
Neon	Python	+	++		+	++	+	
CNTK	C++	+	+	+++	+	++	+	

图 10-5 各类深度学习工具的比较

10.1.4 深度学习应用案例

传统机器视觉项目的程序设计一般包括预处理、特征提取、参数设置等若干步骤，后续设计的顺利与否很大程度上取决于技术人员手动设计的特征好坏。因此，面临的核心难点问题是人工设计的特征如何适应不同位姿、不同光照、不同大小甚至目标遮挡、交叠、扭曲、弯折的情况。那么深度学习搭载在机器视觉中，要实现的关键目标便是不需要人工来设计特征，而由机器根据经验来自动设定；无需人工设置或修改过多的工作参数；视觉算法具备不断改进的构架。

为了满足工业生产实际或其他应用场景对时间与精度的要求，过去往往尽可能地通过光源或光学成像系统的设计或其他约束条件，来尽量降低图像或视频的多变性和复杂性，降低噪声与干扰，尽量使识别目标种类较少、形状特征相对简单。但是客观上，一方面有不少工业应用场景同样存在复杂多变的特点，很难通过外部条件约束来达到传统的简单机器视觉算法所要求的条件；另一方面，有些工业产品对象的图像检测分析任务对于传统的机器视觉算法来说一直是一个巨大挑战。

下面展示几个深度学习在机器视觉领域工业生产过程中的实际案例。

1. 工件颜色分类

在实际生产快速上下料分类的过程中，产品常常不能保持固定的位姿和角度，加之产品颜色的多样化，使其在同种同角度光源下，常存在不同的视觉效果。传统的视觉方案常通过多种光源、多种角度进行拍摄，获取稳定的图片效果，但生产率较低，且仍然存在一定几率的产品超出视野范围、图像模糊、过曝等情况，使生产无法完成，如图10-6所示。

图10-6　工件颜色分类图像

训练多姿态、多颜色、多种打光效果的图片，使用深度学习分类工具即可正确区分颜色，并将颜色名称和得分情况显示在图片当中，如图10-7所示。

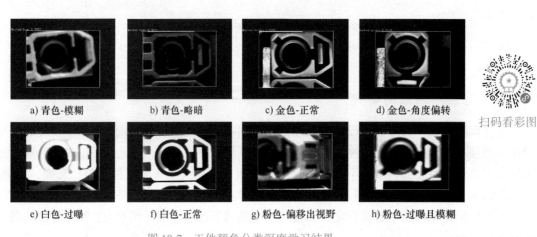

a) 青色-模糊　　b) 青色-略暗　　c) 金色-正常　　d) 金色-角度偏转

e) 白色-过曝　　f) 白色-正常　　g) 粉色-偏移出视野　　h) 粉色-过曝且模糊

扫码看彩图

图10-7　工件颜色分类深度学习结果

2. 柱状塞芯外观缺陷检测

柱状塞芯一般为柱状体，相机架设于产品柱状侧面，机构带动产品旋转一周取图，如图10-8所示。

产品本身体积较小，出现缺陷的位置、种类、图像效果都不一致，且有些缺陷并不明显，用传统视觉较难找出外观缺陷，此时需要用深度学习缺陷检测工具实现该功能，如图10-9所示。

3. 字符识别

产品表面雕刻字符时，常常存在字体不同、凹凸状态不同、金属材质不同导致的图像效果差异大的问

图10-8　柱状塞芯外观缺陷检测图像

题。使用传统 OCR 工具进行识别时，需要人工训练大量的字符；而导入通用的 OCR 字符识别深度学习模型，即可快速识别不同场景的不同字符，配置简单，准确性更高，如图 10-10 所示。

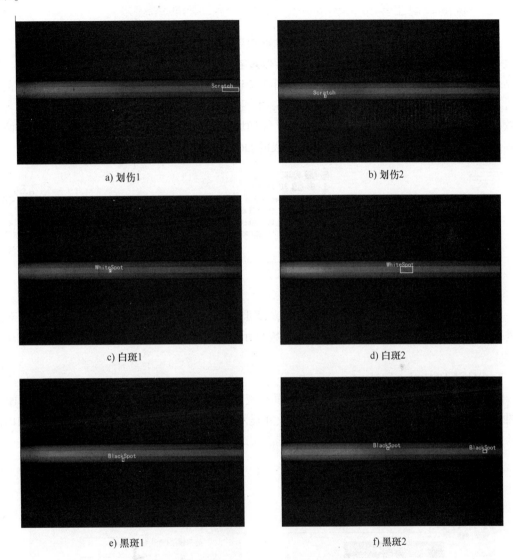

图 10-9　柱状塞芯外观缺陷检测深度学习结果

图 10-10　模穴号字符识别深度学习结果

10.2 深度学习技术应用

10.2.1 深度学习工具

近年来深度学习在工厂端的应用环境愈加成熟，德创作为国内视觉软件的先驱者和引领者之一，也在不断投入技术研发来解决深度学习在工厂端落地的痛点。在长周期的深度学习产品的过程中，如何降低人工成本，缩短训练验证到部署的周期，一直是困扰着使用者的头等难题。德创最新发布的 DCCKDeepLearning 工具包，是专为工厂自动化设计的深度学习视觉软件，如图 10-11 所示。主要包括用于对象和场景分类的 Classify 工具；用于缺陷探测和分割的 Detection 工具；用于文本和字符读取的 OCR 工具。

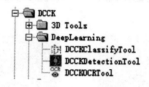

视频演示

图 10-11　DCCKDeepLearning 工具包

1. DCCKClassifyTool

DCCKClassifyTool 提供了图形用户界面，该工具可通过加载分类模型的方式，快速对产品进行分类，并将识别出的产品类型和分数显示在图像中。其默认选项卡界面如图 10-12 所示。

2. DCCKDetectionTool

DCCKDetectionTool 提供了图形用户界面，该工具可通过加载检测模型的方式，快速检测图像中缺陷、污损等目标的位置和类别，并显示在图像中。其默认选项卡界面如图 10-13 所示。

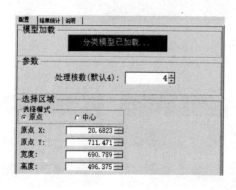

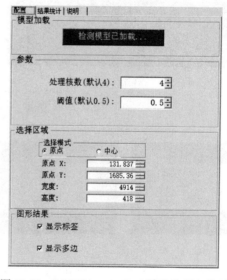

图 10-12　DCCKClassifyTool 默认选项卡界面　　　图 10-13　DCCKDetectionTool 默认选项卡界面

3. DCCKOCRTool

DCCKOCRTool 提供了图形用户界面，该工具可通过加载训练后模型的方式，快速识别字符文本并显示在图像中。OCR 模型较为成熟，无须外部软件多次训练不同场景下的字符，基本支持包含英文、数字和标点符号的全部场景的字符识别，如卷曲、折页、污损、亮度不同、凹凸不同等多种场景，无须多次训练不同的字体格式。其默认选项卡界面如图 10-14 所示。

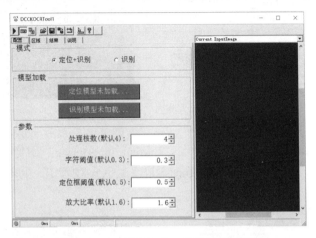

图 10-14　DCCKOCRTool 默认选项卡界面

10.2.2　深度学习应用

1. 颜色分类深度学习应用

1）新建解决方案，保存并命名为"10.2.2-1. 颜色分类深度学习-×××"。添加"内部触发"和"Cog 取像"工具，并相互链接。打开"Cog 取像"工具，选择本地文件夹"颜色分类图片"，如图 10-15 所示。

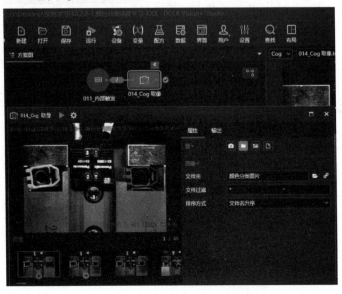

图 10-15　选择本地文件夹内图像

2）添加"ToolBlock"工具，进行链接，并输入图像。打开"ToolBlock"工具栏，单击 ✖ 图标，选择"DCCK"→"DeepLearning"，添加"DCCKClassifyTool"，并链接输入图像"Input1"，如图10-16所示。

图 10-16　添加"DCCKClassifyTool"

3）打开并配置 DCCKClassifyTool1。在"Current. InputImage"图像缓冲区中框选左侧工件，单击"分类模型未加载"，在弹窗中选择本地"颜色分类模型"并确定，如图10-17所示。

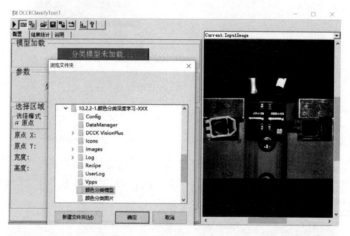

图 10-17　配置 DCCKClassifyTool1

4）运行该工具，切换至"LastRun. InputImage"图像缓冲区，切换至"结果统计"选项卡界面，即可查看分类结果即分数，如图10-18所示。

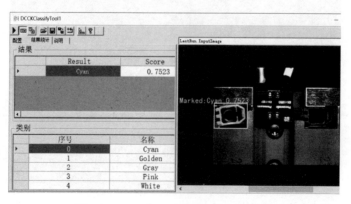

图 10-18　查看 DCCKClassifyTool1 结果

5）再添加并配置一个 DCCKClassifyTool，选择相同的分类模型，区域为右侧工件，如图 10-19 所示。

图 10-19　配置 DCCKClassifyTool2

6）运行并查看 DCCKClassifyTool2 的结果，如图 10-20 所示。

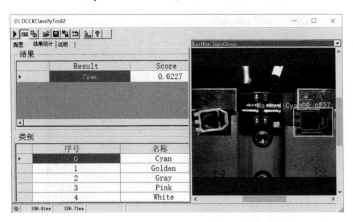

图 10-20　查看 DCCKClassifyTool2 的结果

7）分别给两个颜色分类工具添加分数的终端，并分别将两个颜色分类工具的结果名称、分数拖至"［Outputs］"和重命名，如图 10-21 所示。

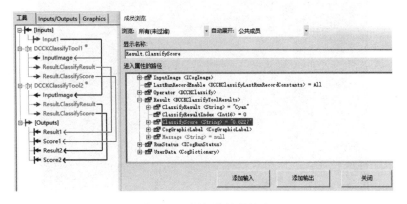

图 10-21　添加终端并输出

8）添加"逻辑运算"工具并配置。添加"字符串比较"，添加比较方法为"ToolBlock. Result1 = = ToolBlock.Result2"，如图 10-22 所示。

图 10-22　添加并配置"逻辑运算"工具

9）添加"Cog 结果图像"工具并配置。添加"ToolBlock"的图像"DCCKClassifyTool1. InputImage"，如图 10-23 所示。

图 10-23　添加并配置"Cog 结果图像"工具

10）设计 HMI 运行界面。添加结果图像显示、OK/NG 显示逻辑判断结果、手动触发按钮、当前工件颜色及分数等控件，参考运行界面如图 10-24 所示。

图 10-24　颜色分类深度学习项目运行模式

2. 检测和 OCR 识别的深度学习应用流程类似，详情请扫描下方二维码查看

视频演示

视频演示

本 章 小 结

　　本章深入探讨了深度学习在机器视觉中的应用，包括图像分类、目标检测、OCR 识别等。首先，本章讲解了深度学习的基本理论、模型、框架和常见算法，如卷积神经网络等。然后，详细介绍了 V+平台软件中的深度学习工具在机器视觉中的各种应用场景，包括图像分类、目标检测、OCR 识别等。

　　深度学习在机器视觉中具备重要作用和广泛的应用前景。深度学习算法通过对大量数据进行学习，可以自动提取图像中的特征并进行分类、检测和识别等任务。与传统的机器视觉方法相比，深度学习算法具有更高的准确性和更强的自适应性，能够处理更加复杂和多样化的视觉任务。只有通过不断学习和实践，才可以更好地发挥深度学习在机器视觉中的作用，为各种应用领域带来更多的创新。

习　　题

1. 设计程序：利用 DCCKOCRTool 工具，识别至少三种场景的字符。

参 考 文 献

[1] 梁洪波，葛大伟．工业视觉系统编程及基础应用 [M]．北京：机械工业出版社，2024．
[2] 刘韬，葛大伟．机器视觉及其应用技术 [M]．北京：机械工业出版社，2022．
[3] 宋春华，彭泫知．机器视觉研究与发展综述 [J]．装备制造技术，2019 (6)：213-216．
[4] 袁静娴．攻克工业视觉关键技术 [N]．深圳商报，2023-02-17 (A02)．
[5] 丁少华，李雄军，周天强．机器视觉技术与应用实战 [M]．北京：人民邮电出版社，2022．
[6] 谢妍，李牧，汪芳．小型 PLC 的工业以太网通讯研究 [J]．科技信息，2009 (6)：204-205．
[7] 宋丽梅，朱新军．机器视觉与机器学习：算法原理、框架应用与代码实现 [M]．北京：机械工业出版社，2020．
[8] 宋慧欣．3D 视觉，机器视觉未来蓝海 [J]．自动化博览，2019 (12)：3．
[9] 郑太雄，黄帅，李永福，等．基于视觉的三维重建关键技术研究综述 [J]．自动化学报，2020，46 (4)：22．
[10] 张兰．3D 视觉检测让智造大开眼界 [N]．机电商报，2022-04-18 (A03)．
[11] 刘志海，代振锐，田绍鲁，等．非接触式三维重建技术综述 [J]．科学技术与工程，2022，22 (23)：9897-9908．
[12] 孙毅．结合 3D 视觉与深度学习的机械臂应用研究 [D]．上海：上海电机学院，2021．
[13] 刘国华．机器视觉技术 [M]．武汉：华中科技大学出版社，2021．
[14] 曹正．基于 CCD 的图像采集及图像评价系统 [D]．广州：华南理工大学，2010．
[15] 侯法柱．基于 FPGA 的图像采集与处理系统设计 [D]．长沙：湖南大学，2010．
[16] 王常青．数字图像处理与分析及其在故障诊断中的应用研究 [D]．武汉：华中科技大学，2012．
[17] 王发乃．彩色图像边缘检测技术的研究 [D]．长沙：湖南师范大学，2012．
[18] 王丽萍．图形图像文件格式应用领域的探讨 [J]．科技创新与应用，2014，100 (24)：51-52．
[19] 冯彦辉，高洁，徐晔，等．基于 JPEG 图像文件格式的研究 [J]．山西电子技术，2009，142 (01)：38-39．
[20] 孙浩．网络图像文件格式 PNG [J]．出版与印刷，2004 (1)：19-21．
[21] 刘兴盛，李安虎，邓兆军，等．单相机三维视觉成像技术研究进展 [J]．激光与光电子学进展，2022，59 (14)：87-105．
[22] 周晓红．线激光点云数据处理关键技术研究 [D]．南京：南京邮电大学，2022．
[23] 薛磊．基于深度学习的 3D 物体建模方法研究 [D]．沈阳：沈阳理工大学，2021．
[24] 张晶飞，李射，崔向阳．Delaunay 三角剖分的最优化网格节点生成算法研究 [J]．电子设计工程，2019，27 (6)：10-16．
[25] 陈建新，邢琰，李志平，等．祝融号火星车自主环境感知与避障技术 [J]．中国科学：技术科学，2022，52 (8)：1186-1197．
[26] 梁莹智．基于线激光旋转扫描的三维快速测量系统 [D]．杭州：浙江大学，2021．
[27] 周晓红．线激光点云数据处理关键技术研究 [D]．南京：南京邮电大学，2022．
[28] 赵士林．基于傅里叶变换域的图像质量客观评价方法的研究 [D]．济南：山东财经大学，2014．
[29] 徐勇．边缘结构保持型的图像滤波算法研究 [D]．合肥：合肥工业大学，2011．
[30] 孙丹阳．高性能数字图像频域滤波系统研究 [D]．北京：北京交通大学，2014．
[31] 邱志祺．基于中值滤波与小波变换的图像去噪研究 [D]．唐山：华北理工大学，2015．